国家自然科学基金项目(52104191,52274196,51974299,52074118)资助

湖南省自然科学基金项目(2021JJ40204,2022JJ10026)资助

湖南科技大学学术著作出版基金项目资助

坚硬顶板破裂放电特性
及其致灾机理

李　敏　　王德明　著

中国矿业大学出版社

·徐州·

内 容 提 要

本书提出顶板在地应力作用下的变形破裂造成的电效应是采空区瓦斯爆炸新的产灾机制,从电效应的角度揭示点火特性。全书共分 6 章,主要内容包括:岩石力电试验系统设计和搭建、煤矿顶板砂岩应力作用下的产电特性、煤矿顶板砂岩力电特性的微观影响机制、顶板砂岩的放电特征及点火特性、采空区顶板电效应引燃瓦斯致灾特征、主要研究结论。本书研究成果为正确认识采空区瓦斯爆炸的点火源提供了新的思路,并证实了其科学性,对进一步提高煤矿安全水平,遏制煤矿瓦斯爆炸的发生具有十分重要的意义。

本书可作为高等院校安全科学与工程、采矿工程等专业高年级本科生以及研究生的参考书,也可供煤炭行业技术人员与管理人员参阅。

图书在版编目(CIP)数据

坚硬顶板破裂放电特性及其致灾机理 / 李敏,王德明著. —徐州 : 中国矿业大学出版社,2023.7

ISBN 978 - 7 - 5646 - 5899 - 1

Ⅰ. ①坚… Ⅱ. ①李… ②王… Ⅲ. ①煤层－顶板－岩石破裂－火花放电－研究 Ⅳ. ①TD327.2

中国图家版本馆 CIP 数据核字(2023)第 134292 号

书　　　名	坚硬顶板破裂放电特性及其致灾机理
著　　　者	李　敏　王德明
责任编辑	陈红梅
出版发行	中国矿业大学出版社有限责任公司
	(江苏省徐州市解放南路　邮编221008)
营销热线	(0516)83885370　83884103
出版服务	(0516)83995789　83884920
网　　　址	http://www.cumtp.com　E-mail:cumtpvip@cumtp.com
印　　　刷	徐州中矿大印发科技有限公司
开　　　本	787 mm×1092 mm　1/16　**印张** 10.5　**字数** 200 千字
版次印次	2023 年 7 月第 1 版　2023 年 7 月第 1 次印刷
定　　　价	48.00 元

(图书出现印装质量问题,本社负责调换)

前　言

　　煤炭是我国的基础能源和重要原料。2000 年以来,受国民经济快速发展的推动,我国煤炭产量实现快速增长。尽管煤炭工业对中国经济发展做出了巨大贡献,但其安全形势却不容乐观。我国煤炭生产以井工开采为主,面临瓦斯、火、尘、水、顶板等灾害的严重威胁,其中瓦斯爆炸是"头号杀手",而防治瓦斯爆炸一直是煤矿安全工作的重中之重。由于采空区的隐蔽性和其内部的复杂性,人们至今仍对引发采空区瓦斯燃烧爆炸的点火源类型及特性认识不足,在防治工作中缺少针对性,导致采空区成为近年来国内外重特大瓦斯爆炸事故的主要地点。许多火灾和爆炸案例都归因于难以识别的火源,因而采空区的隐蔽性和其内部原因不明的点火源成为研究的难点。

　　本书针对开采工作面及采空区瓦斯燃烧爆炸灾害防治这一难点问题,提出研究采空区顶板来压过程中的电效应与点火特性,构建不同岩石力-电特性测试系统,开展物理实验、数值模拟、理论分析并结合实际案例,研究不同岩性岩石受载变形破裂过程中的产电、放电、引燃瓦斯致灾的特性及机制。得到以下重要成果及结论:

　　首先,通过构建力电试验系统,研究了不同岩样在不同加载速率和加载方式作用下电流、电压的变化规律,揭示了顶板砂岩的产电特性。结果表明加载速率越大,岩样的平均电荷释放速率就越大,加载速率是岩样自由电荷释放速率的决定性因素;而在岩样破坏瞬间形成的峰值电流和电压,与加载速率的大小并不成比例关系,这与岩样的抗压强度有关;岩样的压电效应增强了含石英岩石的力电敏感性,表现出更强的电特征。

　　其次,利用 X 射线衍射分析了不同岩样的矿物成分及晶粒大小、利用扫描电镜和核磁共振分析了岩样微观孔隙结构特征。结果表明,煤矿顶板砂岩和花岗岩均含有大量石英,而大理岩不含石英;岩石受载的平均产电速率随着岩石中石英晶粒粒径的增大而增大,花岗岩的石英含量虽然较砂岩低,但其平均产电速率较高;不同种类岩石的孔径分布不同,小孔径的产生能决定岩样的电荷产生速率;岩石在整个受载过程中形成的电流、电压变化,可以将其归纳为压电-破裂产电的协同作用的结果,也可将其认为化学物理产电协同作用的结果,这是两种作用的宏观表现。

再次,通过构建试验系统,采集岩样破裂过程中电荷的释放,研究了不同岩样的放电特性。结果表明,不管是低速加载还是高速加载,岩样在主破裂之前,放电电压值均较小。在岩石破裂失效时,会产生一个瞬态的、非连续的、激增的放电电压;提出了基于裂纹扩展的顶板砂岩尖端放电机制,此时由于尖端放电形成的场强,再加上石英晶体的破裂使得压电效应的突然消失,产生极高的场强,经过计算,其场强远远超过空气的击穿强度。

最后,利用高速摄像机记录了不同岩样受载变形破裂过程的形态特征及电火花产生规律,研究了采空区顶板破裂点燃瓦斯的机制。结果表明,岩样破坏过程中均有尘云产生,岩样的破裂过程具有爆炸性。火花的产生除了与岩样的石英含量有关外,还与岩样的抗压强度有关。

试验过程中,岩石压裂产生的闪光不是由于摩擦热产生的光,而是一种电火花,而岩石的压电效应成为电火花强度或者能否产生电火花的关键性因素;提出了电火花的产生是由于电子碰撞将空气电离,并足以将可燃瓦斯气体电离引发瓦斯爆炸,水分的加入则增加了瓦斯爆炸的可能性;提出了采煤过程中煤层顶板的放电致灾特性。

最后,探讨了顶板电效应引燃瓦斯致灾规律。通过事故案例,结合事故现场发生发展特征,分析煤自燃标志性气体的产生情况以及对比煤自燃发生环境、历史数据,排除煤自燃作为点火源的可能性;利用FLAC3D软件模拟案例矿井采动过程中的应力场时空演化规律,结合顶板岩石力电特性,模拟了事故矿井采空区顶板破裂产生电火花的情景,并将聚集于此的预混瓦斯空气击穿并电离,从而引燃瓦斯,形成瓦斯爆炸,最终引燃采空区的遗煤。遗煤成为持续性的火源,使采空区连续发生多次爆炸。

由于作者水平有限,书中疏漏之处在所难免,恳请广大读者批评指正。

著 者

2023 年 4 月

目　录

1 绪　论

1.1　研究背景

　　煤炭是我国的基础能源和重要原料。2000年以来,受国民经济快速发展的推动,我国煤炭产量快速增长的势头,煤炭产量从2000年的13.84亿t增加到2013年的39.74亿t,如图1-1所示。2013—2019年,随着绿色发展理念以及煤炭行业积极化解过剩产能等政策的推行,我国煤炭产量呈逐年递减趋势,但2017年煤炭产量仍高达34.45亿t,煤炭消费量仍然占能源消费总量的60.4%。近年来,煤炭产量又有缓慢增高趋势,其中2021年全国煤炭产量为41.3亿t,2022年全国煤炭产量为45.6亿t。据预测,煤炭在我国一次能源消费结构中的

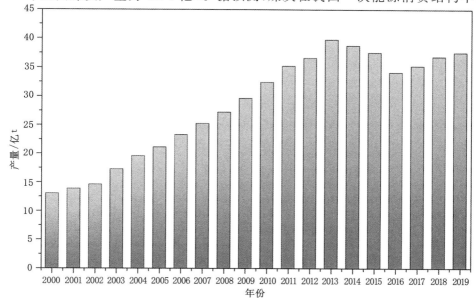

图1-1　2000—2019年我国煤炭产量情况

比重在 2030 年仍将高达 50%[1]。尽管煤炭工业对我国经济发展做出了巨大贡献,但其安全形势却不容乐观[2-3]。

我国煤炭生产以井工开采为主,面临瓦斯、火、尘、水、顶板等灾害的严重威胁。其中瓦斯爆炸是"头号杀手",而防治瓦斯爆炸一直是煤矿安全工作的重中之重。近年来,我国通过加大安全科技投入、健全法律法规、强化安全监管和优化产能结构,煤矿安全生产形势有了明显好转。但是,由于我国煤炭产量大、煤层赋存地质条件复杂、开采与安全保障技术及管理水平发展不平衡,煤矿重特大事故仍时常发生,煤矿安全形势依然十分严峻[4-5]。2000—2016 年,我国共发生煤矿重特大事故 568 起、死亡 12 140 人,其中瓦斯爆炸事故 290 起,死亡 6 997 人,分别占事故总数和总死亡人数的 51.1% 和 57.6%;发生在采空区及其邻近工作面的重特大瓦斯爆炸事故 109 起、死亡 2 489 人[6]。由于采空区内条件的复杂性,防治采空区及工作面瓦斯爆炸一直是煤矿安全工作的重点和难点,遏制采空区瓦斯爆炸事故对保障我国煤炭能源安全和进一步实现煤矿安全形势的根本好转具有非常重要的意义。

采空区发生瓦斯燃烧爆炸需同时具备两个条件:其一,存在瓦斯-空气预混气体(瓦斯浓度达到爆炸界限);其二,点火源。

一般来说,采空区内存在瓦斯-空气预混气体,而工作面后方采空区处于半开放状态,采场中的风流会扩散到采空区中,导致采空区内已解析出的瓦斯涌入工作面。尽管通过加强瓦斯抽采和通风管理可以减少瓦斯超限区域和改变瓦斯超限区域的分布,但不会消除采空区内的瓦斯-空气预混气体。因此,采空区内就会存在不同浓度的瓦斯—空气预混气体,且在一定区域、一定时间内瓦斯-空气预混气体浓度,就会达到爆炸浓度,这是采空区发生瓦斯燃烧爆炸事故的主要因素[7-11]。

采空区内可能存在引发瓦斯燃烧爆炸的点火源。尽管采空区处于相对静止状态,其内部没有采矿活动、没有电气设备等可能的外部热源,但通常认为可能存在两种类型的点火源:煤自燃、岩石摩擦撞击。在实际事故分析中,通常认为采空区内的煤自燃是煤矿开采的一种基本现象[12-14],因此人们在实际分析采空区点火源时,一般都将采空区的点火源认定为煤自燃[15-17]。

实际上,大量采空区瓦斯爆炸事故点火源特征与煤自燃特征不相符。例如,2013 年吉林省吉煤集团通化矿业集团公司八宝煤矿发生的特大瓦斯爆炸事故造成 53 人死亡。事故调查组认定点火源是采空区煤自燃。事故发生后,矿方采取注氮气、注液态二氧化碳等多项措施防治煤自燃,但该煤层恢复生产后又发生了 6 次采空区瓦斯燃爆现象,还导致 5 次工作面封闭。事故发生的特点都是事前无预兆,仅发生在事故煤层含粗粒石英砂岩的顶板来压与垮落期间,前期并无煤自燃特征。此外,宁夏白芨沟煤矿、汝箕沟煤矿的采空区内瓦斯燃烧爆炸,山西阳煤集团曾一年内因采空区突然出现发火征兆而封闭 4 个工作面,2018 年贵州大湾煤矿工作面架后突发瓦斯燃烧造成该工作面封闭。经现场调查,这些矿井大部分开采的是不易自燃煤层,采空区着火并不是煤体自燃引起的,但都与顶板的岩性与来压垮落有关[4]。

甲烷-空气混合物燃烧和爆炸的实质是由众多基元的自由基反应组成的复杂连锁反应,链反应的起始要求点火源的作用能量必须大于链起始反应的活化能[18]。1948 年,美国学者 Lewis 等[19]计算得出在绝热压缩条件下的甲烷-空气混合物的最低点燃温度为 565 ℃,而实际研究表明该温度在 600 ℃ 以上[20-22]。国内外一些研究人员[23-27]对岩石摩擦碰撞产生的点火源引发瓦斯爆炸的特性进行了深入研究后发现,顶板垮落摩擦撞击在实验室试验时很难达到点燃瓦斯的最低温度(>600 ℃),其摩擦撞击点燃瓦斯具有极大的偶然性,对采空区环境条件要求极为苛刻。一些学者还研究了甲烷-空气混合物的最小点火能量[28-29],认为甲烷-空气混合物的最小点火能量很低,其中 Eckhoff[30]测得该能量仅为0.28 mJ,该能量值相当于一枚硬币从若干毫米高处落下的动能[32]。实际上,早在 1986 年,Brady 等[32]就认为岩石受载破裂产生的电效应使水发生离解,产生原子氢和分子氢,而其也推测在 CH_4 氛围中的岩石破裂会促进 CH_4 分子离解产生相互作用的化学反应。Balk 等[33]通过试验装置测得水中的火成岩(石英含量高)由于应力作用形成的电流在岩石-水界面将水氧化为过氧化氢。

综上所述,针对开采工作面及采空区瓦斯燃烧爆炸灾害防治这一难题,提出研究采空区顶板来压过程中的电效应与点火特性,从而突破煤自燃、顶板垮落摩擦撞击等宏观产热点火的传统研究方法;另辟蹊径,从电效应微观电点火角度揭示采空区中的点火特性,对进一步提高煤矿安全水平、遏制煤矿瓦斯爆炸事故的发生具有十分重要的意义。

1.2　国内外研究现状

1.2.1　采空区煤自燃点火特性

国内外学者集中研究了煤自燃过程中的耗氧[34-35]、放热[36-39]等参数的变化规律及发火过程。通过控制加热条件进行了大量小煤量试验研究,其中文献[40-42]利用恒温氧化研究了不同特质煤的氧化特征;文献[43-46]利用绝热氧化试验研究了煤的自燃倾向性,大大缩短了其测试时长;文献[47-49]通过绝热氧化试验研究了煤氧化的发生、发展过程及其特征;文献[50-51]利用程序升温研究了不同煤的氧化速度、耗氧量等的变化规律。也有学者研究了不同供氧条件下的煤自燃特征,如文献[52]研究了不同低氧浓度下的煤自燃氧化产物的规律,文献[53-54]研究了贫氧条件下煤燃烧的氧化动力理论。采空区内瓦斯与煤共存,研究者对采空区内瓦斯与煤自燃的相互作用以及影响因素进行了研究。比如秦波涛等[56-58]认为,煤自燃过程产生的热气体会形成火风压,在发火区与非发火区之间不断形成 CH_4、CO与新鲜空气的充分混合和热量的对流交换,导致瓦斯爆炸事故的发生。常绪华[59]构建试验系统,模拟采空区自燃煤体引燃瓦斯,分析了不同条件下的 CH_4 燃烧过程。宋万新[60]、胡新成[61]研究了瓦斯氛围下煤自燃的氧化特性、过程以及微观机理。周福宝[11]对煤与瓦斯形成的热动力灾害进行了系统分析,并阐释了其机理。周西华[17]开展了高瓦斯易自燃采空区自然升温及爆炸特性的研究,建立了采场的紊流、过渡流和层流共存的多流态多组分气体传热传质的风流速度场、压力场、温度场和浓度场的统一数学模型。卢平等[62]认为,对于高瓦斯易自燃煤层,尾抽是一种有效的辅助措施,但会显著影响采空区煤炭自燃的"三带"分布。周爱桃等[63]通过数值模拟研究,提出瓦斯抽放可以有效控制采空区瓦斯向上隅角涌出,同时这种技术使得采空区漏风增大,加快了采空区煤氧化过程。理论分析煤自然发火与瓦斯的耦合规律后,李宗翔等[64]认为高瓦斯易自燃煤层采空区瓦斯治理技术和煤自然发火之间的矛盾性,并引入了风量范围极差的评价指标。褚廷湘[65]针对顶板巷瓦斯抽采下采空区煤自燃的问题,深入研究顶板巷瓦斯抽采下的煤自燃致灾机制,认为这种瓦斯抽采技术可以诱导遗煤自燃并造成扰动效应,建立了合理瓦斯抽采量理论模型。夏同强[66]详细探讨了采空区瓦斯与煤自燃发生耦合作用的影响因素,并建立了采空区瓦斯与煤自燃复合致灾的多场耦合模型。杨胜强等[67]通过研究认为,自燃煤体在含瓦斯风流条件下,氧化产物会出现"滞缓效应", CH_4 的加入会对煤自燃氧化过程呈现"抑制效应"。

因此,针对煤与瓦斯复合灾害,现有研究集中在煤自燃标志性气体对瓦斯爆炸浓度范围的影响,煤自燃与瓦斯耦合致灾的条件,瓦斯解吸、扩散对煤自燃特性的影响,主要探讨瓦斯对煤自燃特性、煤自燃标志性气体对瓦斯爆炸浓度以及煤自燃与瓦斯分布区域的相互关系,但较少涉及煤自燃点燃瓦斯的特性。

煤的自燃倾向性一般与其瓦斯含量呈相反关系,煤的变质程度越高、瓦斯含量越大,煤的自燃倾向性就越低。已有的采空区发生瓦斯燃烧爆炸事故案例表明,其煤层一般瓦斯含量大、煤的自燃倾向性较低。因此,该类煤氧化自燃进程都较缓慢,煤自燃过程中的表面温度并不高,试验状态下煤自燃温度一般不超过250 ℃。此外,煤在自燃过程中会持续产生大量 CO、C_2H_4、C_2H_2 等煤自燃标志性气体,甚至出现烟雾。研究表明,煤低温氧化过程的长周期性和持续出现显著的标志性气体等特征决定了一般采空区中的煤自然发火有较长时间的明显征兆期,这是煤自燃点火的特性。

实际上,在众多的采空区瓦斯燃烧爆炸事故案例中,煤自燃作为点火源被证明的案例并不多见。例如,宁夏白芨沟矿与汝箕沟煤矿、吉林八宝煤矿、贵州大湾煤矿、安徽任楼煤矿等发生过的众多事故案例表明,采空区瓦斯燃烧爆炸事故多发于高瓦斯和煤与瓦斯突出矿井,该类矿井中煤的变质程度高、瓦斯含量大、煤自燃倾向性低,如发生煤自燃,其周期较长且征兆明显。但在相关事故案例中,采空区瓦斯燃烧爆炸的发生常常都较突然,事前并无煤自燃征兆,这与煤自燃的点火特性不相符。需要指出的是,煤着火并不一定由煤自燃引起,瓦斯燃烧可造成煤着火,人们常常误将瓦斯燃烧引发的煤燃烧视为煤自燃,从而误判了最早引发瓦斯燃烧爆炸的点火源。

1.2.2 采空区顶板岩石垮落点火特性

甲烷-空气混合物由顶板冒顶引起的点火并不常见[68-69],而且其位置通常很难取证。然而,也有许多关于采空区坍塌时出现火花和闪光以及爆炸的报道,唯一合理的解释是顶板岩石之间的摩擦撞击引起着火。此外,由于采用锚杆控制顶板岩层,一些事故认为钢结构的锚杆断裂产生的火花或热表面可以引起着火。

樊春亭等[70]研究了气体-空气混合物的着火,用钢球对各种材料的靶材进行射击,从而产生了压裂效果;同时还发现氢气-空气混合物可以被点燃,而戊烷-空气和甲烷-空气混合物不能被点燃。其他关于钢铁断裂的研究普遍认为,与钢铁失效直接相关的能量太小,不足以导致裂缝表面温度升高、着火。Querol等[71]认为,由于高温的需要,由钢锚杆断裂引起的任何加热或火花都不足以点燃甲烷-空气混合物。该温度依赖热源及其停留时间,且至少为640 ℃。

在煤炭开采过程中,顶板岩层由于自重及上覆岩层载荷的作用而折断和垮落,成为可能导致采空区瓦斯燃烧和爆炸的点火源。采空区顶板岩层来压垮落具有很强的隐蔽性,且点燃瓦斯的过程瞬间完成,现有研究应主要集中在顶板岩石垮落过程中的摩擦产热以及撞击产热点火两个方面。

对于顶板岩石垮落过程中岩石间的摩擦撞击点火特性,国内外研究人员进行了较多的研究。现有研究基于以最低点燃温度为标准的热点火理论对摩擦撞击点火特性给出解释,即摩擦撞击使物体表面在很短时间内产生变形和磨损并使机械能转化为内能,摩擦撞击表面温度急剧升高形成高温热条痕,或者使脱落的微小颗粒被加热到熔融状态,达到可燃混合气体的最低点燃温度。研究工作主要集中在两个方面:一是岩石与金属之间撞击产热特性;二是岩石之间摩擦撞击产热特性。对于岩石与金属之间撞击产热特性方面,国内外学者集中于截齿与顶板岩石在剧烈摩擦过程中的温升过程、机理及预防。由于截齿与岩石接触面积小,压力大、摩擦速度快,同时金属硬度大且熔点较低,因此对金属的要求较高[72-79]。对于岩石之间摩擦产热点火方面,大多采用旋转轮装置对煤矿不同岩石材料的摩擦接触点火特性进行了研究。邬燕云[80]、周心权等[81]认为,摩擦和撞击火花是引发瓦斯煤尘事故的因素,研究了摩擦机械能引燃瓦斯-空气混合物的机理及过程,对引燃火源附近的温度特性进行分析。Ward等[82-84]通过旋转摩擦实验结合红外测温技术,认为能点燃瓦斯的可能物质是摩擦点的热迹而不是发出的白炽粒子,并从矿物学角度出发,认为岩石摩擦生热与岩石中坚硬组分,如石英、岩屑和长石的含量有着密切的关系,这与英国采矿研究院(MRDE)得出的结论一致。王玉武[85]认为,顶板砂岩在低速摩擦(1 440 r/min)情况下不可能点燃瓦斯,高速摩擦(2 840 r/min)情况下才有可能点燃瓦斯。他们认为,岩石间接触面积大,接触压力就会过小,岩石温度不足以点燃瓦斯;而接触面积小,则岩块磨损太快,能量难以在接触表面聚积,亦不能点燃瓦斯。王家臣等[86-88]对岩石摩擦过程中的能量转化机制进行了理论研究,并利用旋转机构,通过改变岩石的转速和载荷,模拟不同垮落高度情况下,进行了330次摩擦实验,测得岩石最高温度为153.90 ℃、最低温度为41.20 ℃,并通过曲线拟合岩石的温升规律。屈庆栋等[89]、许家林等[25]通过摩擦试验认为,往复式运动试验装置不足以点燃瓦斯,要点燃瓦斯需要旋转摩擦试验装置在长时间、高速、高应力加载的情况下,才有可能点燃瓦斯;同时认为泥岩无论是低速还是高速摩擦都不能引起瓦斯爆炸,砂岩间摩擦只有在高速摩擦下才可以引起瓦斯爆炸,潮湿的砂岩摩擦很难引起瓦斯爆炸。秦玉金等[90]、刘志坚等[91]也认为,岩石摩擦引燃瓦斯是接触压力、摩擦速度、接触面积、摩擦时间等因素的综合影响。沈杰等[92]、杨天斌等[93]认为顶板跨落时岩石相互摩擦产生火花且表面升温,升温值与岩石质量、跨落高度之间呈正相关关系,饱水岩石摩擦产生火花的频率、强度及表面升温值较自然状态下有明显的降低。张培鹏等[94]认为只有坚硬石英砂岩顶板在垮落撞击摩擦过程中产生火花,接触面的升温随着垮落岩块体积及其垮落运动高度的增加而增大。周锦龙等[95-96]、赵党伟等[97]学者通过测试岩石摩擦升温规律,分析了岩石摩擦升温数学模型及特性,认为岩石摩擦产生的热条痕对瓦斯的点燃能力要大于炽热颗粒,且岩石中的坚硬组分如石英、岩屑和长石的含量与其点火能力正相关。周应江等[98]根据实际案例对综采工作面岩石撞击摩擦火花引燃采空区瓦斯燃烧事故调查分析,并提出了对应的防治措施。裴云鑫等[99]、秦广鹏等[100]利用3DEC数值模拟研究了因顶板失稳摩擦引燃采空区瓦斯的危险区域,并通过试验认为:当坚硬砂岩间摩擦速度 $v < 6.24$ m/s 时,不会引起瓦

斯爆炸;反之,则可能引起瓦斯爆炸。李冬等[101]通过理论计算和实验室试验的方法,分析了工作面坚硬顶板岩石的化学成分和能量转化情况,认为含有黄铁矿的石英砂岩能够增加引燃采空区遗煤和瓦斯的概率。Liang等[102]通过数值模拟和实验室试验研究了硬顶板垮落过程中的运动模式,计算了顶板的摩擦力,对不同岩石组合岩石摩擦产生火花的规律、采空区瓦斯分布规律、易燃易爆区和潜在爆炸区进行了研究和确定,认为岩石垮落过程中相互摩擦产生的火花是一个重要的火源,黄铁矿的存在可以显著提高接触面温度,从而提高火花强度。

而在岩石之间撞击产热特性方面,文献[87,89,103-106]均通过自由落锤装置进行试验,结果显示改变撞击高度和质量,岩石温度升高不会超过250℃;波兰采矿研究总院(GIG)的相关研究表明,岩石以高速下落冲击在旋转的砂轮上时,摩擦火花才有可能点燃瓦斯。

综上所述,采空区岩石垮落具有隐蔽性,岩石垮落形成的摩擦撞击由于热效应点燃瓦斯成为学者们研究的热点。但国内外试验研究表明,成功点燃瓦斯需要岩石之间的长时间、大应力、合适的接触面积和高速旋转摩擦的试验条件,对采空区环境条件要求极为苛刻,其摩擦撞击点燃瓦斯具有极大的偶然性,这与国内大量的顶板垮落引燃瓦斯事故是矛盾的。更重要的是,大量的研究集中于实验室研究,并不能有效地还原煤矿顶板垮落过程产生的摩擦和冲击作用。而对于岩石垮落形成的岩石受载破裂,由于电效应形成的电点火特性认识不够,对于其点火机理基础研究不足,缺少对于各种影响因素下的岩石电效应及点火特性的研究。因此,解决上述问题将为矿井采空区顶板垮落引起瓦斯燃烧或爆炸的防治提供重要的科学基础和理论依据。

1.2.3　岩石受载产生的电效应特征

岩石受载变形过程中会产生电信号是一个公认现象,国内外学者在地震、火山喷发预测,矿山岩体失稳监测等方面,通过地质材料与瞬态电现象联系,对岩石断裂过程中的电磁异常和发光现象进行了大量的试验研究,以期找到可能的岩石失稳前兆。

1971,苏联科学院地球物理研究所学者系统总结了岩石矿物受载产生的压电效应,并对常见矿物的压电模数进行了测量,认为含石英矿物的压电效应最显著[107]。Nitsan[108]研究发现,石英岩石和其他硬压电材料的断裂与射频电磁辐射密切相关,电磁辐射的变化是随着应力的释放、压电场突然下降、许多压电晶体发出的辐射干扰所致。Bishop[109-110]认为,压电是由外加应力产生的电荷极化现象,存在于许多矿物中,富石英岩石可能具有压电结构,并通过试验测试了富石英岩石压电结构的可能形式。Ishido[111]通过试验测定了硅酸盐矿物-水体系和岩石-水体系的钾电位和流电位系数,提出了水在地球以及岩石内部流动扩散引起的电动力学效应。Ogawa 等[112]认为,岩石破裂时产生的新生表面带有正负相反的电荷,如同一个偶极子向外辐射电磁信号。Brady 等[32]和 Enomoto 等[113]认为,岩石破裂过程中电子发射形成等离子体,岩石受载破裂产生的电效应使水发生离解,产生原子氢和分子氢,而其也推测 CH_4 氛围中的岩石破裂会促进 CH_4 分子电离与空气产生相互作用的化学反应。Cress 等[114]认为,岩石断裂面上由于电荷分离产生的强电场击穿空气向外释放高频电磁辐射。Yamada 等[115]认为,岩石的裂纹产生的新表面的带电,是产生电磁辐射的必要条件,认为地震前小裂隙的拉伸延长会引起异常电磁发射,可以作为地震预测的研究方向。Dobrovosky[116]等认为,岩石的力电现象是岩石在应力作用下,电荷分离并张弛而产生电磁效应。Martelli 等[117]通过试验研究了应力作用下岩石坍塌过程中的光、等离子体和射频辐射,认为光既从坍塌破碎区域中发出,也从该区域发出的白炽尘埃流带中发出,而且在特定的大气氛围中,尘埃和等离子体可以激发其典型谱线。Alekseev 等118 和 Molchanov 等[119]认为,在岩爆和地震发生前观测到的电磁场异常可以用裂隙带的电化和微裂纹的电荷聚集来解释,而岩石的压电极化大大增强了矿物中裂缝的带电作用。Yamashita 等[120]通过试验观察到石英岩和破碎的微裂隙处有短时间的光脉冲,在 $500\sim800$ nm 波长处观察到连续光谱,表明材料部分温度为 3 000 ℃,当固体断裂时,断裂部分几乎瞬间加热到很高的温度,并在 $10\sim20$ ns 内冷却下来。Kuksenko 等[121]研究了大理岩和玻璃在机械载荷和电极化作用下引起的电场,结果表明,这两种情况下的偏振弛豫性质是相同的,都是一个热激活过程。Sasaoka 等[122]研究了花岗岩上卸载应力引起脉冲电位的变化,其在短时间内呈指数衰减,电势的变化依赖于外加应力的大小和维持时间,认为这种变化是由于压电和补偿压电极化的束缚电荷的迁移引起的。YoshidA 等[123-124]通过花岗岩试验,认为其产生的电场强度与应力的变化率呈线性相关关系,他们断定压电效应是岩石破裂过程中产生电磁信号的最重要的机制;同时分析干燥岩石和饱水岩石受载产电过程的试验结果后认为,除了压电效应外,裂隙岩体中水的流动也会产生直流电和电势信号。以 Freund 为代表的学者们[125-138]认为,岩石受载过程中形成了天然半导体电池,并且认为电晕放电将空气电离形成离子流,同时发生的电子激发和电子-离子复合反应将产生可见光,并将其用于解释地震电磁异常、地震光等。Vallianatos 等[139-142]认为,岩石受载产生电效应是由于岩石内部微破裂产生的相对滑移运动引起的,并建立了岩石应变率与电压之间的计算模型,用以监测地震前兆信号。以 Anastasiadis 等为代表的学者[143-148]集中做了单轴压缩作用下的大理岩产生的电流与岩石的杨氏弹性模量的变化关系,发现电流峰值与应力比之间存在一定的比例关系。

国内学者针对岩石受载产生的电磁效应也进行了大量研究。郭自强等[149-151]、钱书清等[152]通过压缩花岗岩试验,利用光电倍增管研究了岩石破裂过程中的电子发射、声光效应和声电效应,认为除微破裂产生的电磁辐射外,可能存在产生电磁辐射的非破裂机制,以期解释地震光、地震电磁异常现象。王秀琨等[153-155]学者对岩石的压电性进行了系统研究,为我国电法找矿奠定了基础。以王恩元、何学秋、聂百胜等为代表的学者系统地研究了煤岩体受载破裂过程中的电磁辐射异常现象,并对其规律进行统计分析,探索其产生机理,认为磁辐射强度和脉冲数两项指标能综合反映煤体的突出危险程度,验证了煤岩电磁辐射技术在预测煤与瓦斯突出和冲击地压等方面的实际应用性[156-163]。李忠辉[164]对煤岩体变形破裂过程中的表面电位信号与载荷及载荷变化率有较好的相关性,同时煤体的电性参数、加载速率、水分等因素与其表面电位的强度及时域分布有密切关系,揭示了煤体破裂的微观过程。万国香[165]从压电体中的压电本构方程出发,研究岩体分别在静应力和应力波作用下产生的电磁辐射,认为岩体中产生的电磁辐射强度不但与岩石的弹性模量与强度有关,且与岩体初始损伤有关。吴健波[166]、邱黎明[167]、关城[168]分别研究了不同条件下岩石受载产生的电磁声信号的变化规律,以期为煤矿井下煤岩动力灾害提供预测、预报试验基础。

综上所述,国内外学者对岩石破裂过程中的电效应进行了大量的试验研究,探索其产生的规律,并对其产生的机理进行了解释,但在地震预测方面多以大理岩、花岗岩等岩浆岩为研究对象,在矿山开采方面,又多以煤岩为研究对象,并多以探索电磁辐射规律及机理为主,对于受载过程中的能量转换以及对周围介质的电离效应研究较少。

1.3 目前研究存在的问题

从国内外研究现状可知,采空区煤自燃和顶板垮落点火已成为研究的热点,而且大量的研究是在实验室完成的。但是,实际的防治煤自燃技术及监测技术显示大部分采空区瓦斯爆炸并非煤自燃引起,而实验室试验不能有效还原采空区顶板垮落造成的摩擦撞击,且点燃条件极为苛刻,人们对采空区瓦斯燃烧爆炸的真正点火原因并不清楚,在防范上还缺乏针对性。采空区顶板来压对含有大量石英晶体且坚硬的顶板岩石产生电效应,所以岩体破裂垮落过程中的放电是点燃采空区中瓦斯-空气预混气体的原因之一。虽然前人对岩石受载破裂过程的电磁异常进行了大量的研究,但是对于煤矿顶板砂岩受载破裂过程的电效应以及对瓦斯-空气预混气体的点燃特性仍缺乏研究。因此,针对采空区顶板来压过程中的电效应及其点火特性研究存在以下问题和不足:

(1)岩石在应力刺激作用下会产生电效应,其中花岗岩、玄武岩等岩浆岩在应力作用下的电磁效应研究较多,用于解释地震过程中形成的高频电磁辐射以及由此产生的地震光、电离层的扰动等现象。关于煤矿顶板岩石在采动过程中的研究集中在力学变化方面,而对于其应力变化过程中的电效应研究较少,部分学者则研究了其产生的电磁效应。对于不同加载方式、加载速率下的不同岩性岩石,其在应力受激作用下的产电特性目前还缺乏系统研究,且前人的研究多集中于电信号的处理上,以期实现灾难发生的预测预报,而忽略了对电效应引起的次生灾害的研究。

(2)岩石受应力刺激能产生电效应,前人提出了较多的理论来解释观测到的电效应,但各理论均是针对某一现象来阐释其机理的,对于整个加载过程产生的电效应难以解释,且关于不同岩石的微观结构和微观力学性质对产电特性影响的研究较少,对于岩石受载变形破裂过程的综合产电机制并不明确。

(3)前人大量的研究集中在岩石受载破裂过程中的产生电荷及电磁辐射特性研究上,而对于岩石受载破裂过程的放电特性研究较少,这也是人们忽略其放电特性可能造成次生灾害的原因。实际上,当电荷积聚而不集中释放时,会成为岩石损伤破裂的预报信号;而在集中释放时,则可能引发采空区瓦斯爆炸。因此,对于不同岩样在单轴加载情况的放电特性研究较少,以及岩石破裂过程中形成的光效应和其机理尚不明确,缺少煤矿顶板砂岩破裂过程中由于电效应对瓦斯-空气预混气体的点火特性的研究,缺乏采空区顶板砂岩电效应点火的试验基础及可能的点火机制的研究。

(4)采空区顶板在长期的地应力作用下以及工作面采动过程中会出现应力集中现象,往往容易产生裂隙并随之而产生电磁辐射,其研究多以物理试验研究为主,对于工作面顶板变形破裂过程中电效应的产生与应力场存在耦合关系研究较少,同时对于采空区顶板电效应引燃瓦斯致灾的特征尚不清楚。

1.4 研究内容

针对上述煤矿顶板砂岩电效应及其点火特性研究存在的问题,本书的主要研究内容如下:

(1)构建岩石力电特性试验系统,研究不同岩性岩石在低加载速率和高加载速率以及不同加载方式(单轴加载、循环加载、分级加载)下产生的电压、电流变化规律；分析加载速率、加载方式、岩石抗压强度、岩性等对不同岩石产电特性的影响，从而更好地研究岩石电效应产生的源头及机制。

（2）研究矿物成分对力电特性的影响。研究煤矿顶板岩石的矿物含量特征以及石英的相对含量分布规律；其次，分析含不同矿物成分岩石的力电特性，探索矿物成分对岩石力电特性的影响机制；再次，研究煤矿顶板岩石不同粒度大小下的力电特性，岩石的微观结构特征及其力电特性以及不同岩性岩石孔隙（微孔、小孔、大孔）分布特征，分析不同孔隙度下的岩石力电响应特性。最后，根据岩石的微观特征以及产电特性，得出岩石产电过程的综合微观机理。

（3）构建不同岩石在单轴加载过程中的放电试验。首先，研究顶板砂岩受载破裂过程中的放电信号及其发生规律，以期揭示岩体损伤和可能引发的次生灾变规律以及不同岩石在加载过程中的放电机制；其次，研究岩体破裂过程中的光电效应，探索不同岩体破碎过程中的光电产生规律分析不同岩体应力-应变与光电效应之间的关系以及破碎过程中电力学效应的影响因素；最后，研究不同岩体破裂过程中的火花产生规律，探究其产生与压电效应的内在联系，分析力电特性在岩体破裂过程中对周围介质产生的电子碰撞与能级跃迁的作用，探究岩石破裂过程中电效应对瓦斯燃烧链传播过程的影响规律。

（4）分析实际案例中顶板砂岩引燃瓦斯过程。首先，通过事故案例详细调研事故的发生、发展过程，分析案例矿井采动过程中的煤自燃可能性、顶板的应力时空演化规律；其次，结合顶板岩石力电特性、石英含量等物理参数，分析并推理出事故案例中瓦斯爆炸的真实点火源，探索采空区顶板电效应致灾规律。

1.5　研究方案及技术路线

本书采用理论分析、数值模拟和试验研究相结合的综合研究方法，技术路线如图 1-2 所示。

根据技术路线，各主要研究内容拟采取的具体研究方案如下：

（1）首先，设计并搭建岩石力电特性试验系统，研究不同岩体在不同加载速率及加载方式下的电流、电压变化规律，深入分析岩石受载的产电特性；其次，探讨岩石破裂的力电耦合机制；最后，对岩石物理属性的力电特性影响规律进行分析。

（2）首先，利用 X 射线衍射分析仪研究不同种类岩石的矿物成分及晶粒大小对于岩石力电特性的影响；其次，利用扫描电镜及核磁共振研究不同岩石微观

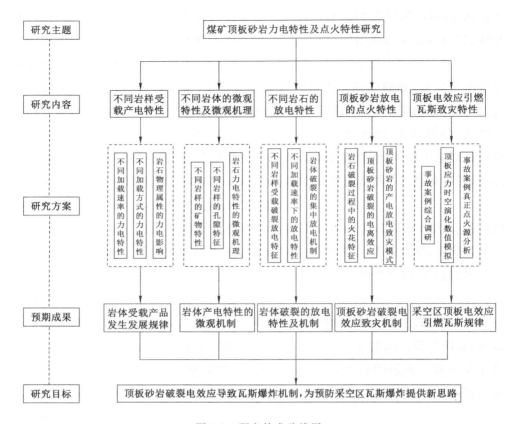

图 1-2　研究技术路线图

表征及孔隙结构演化;最后,结合产电特性及微观特征揭示不同岩石受载变形破裂过程中的综合产电机理。

（3）首先,设计不同岩体放电试验,利用平板电容器捕获释放的电荷,揭示不同岩体受载变形破坏过程中的放电规律;其次,利用高速摄像机捕捉不同岩体破裂过程中的火花产生规律,揭示岩石破裂过程中对气体的击穿效应;最后,研究顶板砂岩破裂对瓦斯-空气预混气体的电离效应,揭示顶板砂岩电效应致灾模式。

（4）首先,通过事故案例分析顶板砂岩在采动过程中的应力时空演化规律,以及采空区的遗煤自燃规律;其次,探索顶板采空区电效应引燃瓦斯致灾规律;最后,分析采空区瓦斯爆炸的真正点火源。

2 煤矿顶板砂岩应力作用下的产电特性

本章将构建岩石力电特性试验系统,研究不同岩性岩石在低加载速率和高加载速率以及不同加载方式(单轴加载、循环加载、分级加载)下产生的电流(PSC)、电压(PSV)变化规律;分析加载速率、加载方式、岩石抗压强度等对不同岩石产电特性的影响,从而更好地研究岩石电效应产生的源头及机制。与此同时,以下研究内容将为采空区采动过程中电场的分布提供试验基础,其中产电特性的研究将为预防采空区瓦斯爆炸提供理论基础。

2.1 力电特性试验系统

2.1.1 试验样品

为了使研究更具代表性和说服力,我们选择了不同岩性的岩石作为研究对象——属于沉积岩的砂岩、属于变质岩的大理岩和属于岩浆岩的花岗岩。其中,花岗岩(HGY)来自山东烟台,大理岩(DLY)来自云南大理。另外,选取两种砂岩,分别是来自安徽皖北煤电集团任楼煤矿 $II7_222$ 工作面的顶板砂岩(RL)和江苏徐矿集团张双楼煤矿的顶板砂岩(XZ)。取得大块岩样后,选取同质性高、力学性能好的岩石,利用中国矿业大学深部岩土力学与地下工程国家重点实验室的岩石钻孔机及切割机对岩样进行加工,分别制作成 $\phi 50\ mm \times 100\ mm$ 的圆柱体和 $50\ mm \times 50\ mm \times 100\ mm$ 的长方体。钻取后的残余岩样用于扫描电镜、X射线衍射分析等试验。为了避免在加载过程中应力集中,各试样上、下表面均进行抛光平整,表面粗糙度不超过 $\pm 0.05\ mm$。选取一定量岩样后,通过超声波测速仪进行波速测试并剔除差异性较大的试样。为了减少金属与岩石之间的极化电位,岩石标本原则上要经3个月以上自然干燥;同时,为了达到干燥效果、减小极化电位的影响,加工好的岩样在 60 ℃ 的真空干燥箱中干燥 48 h,以消除所有可透气孔隙中的水分。岩样制备情况见图 2-1。表 2-1 为不同岩样的平均密度。

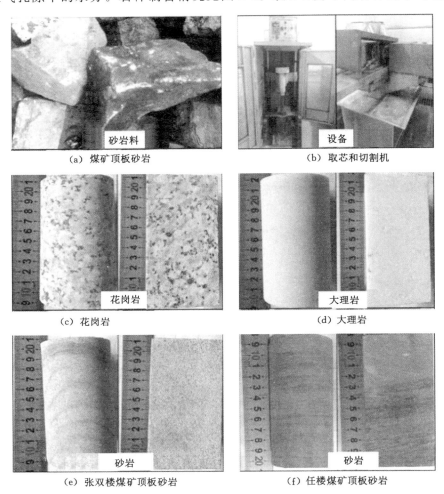

（a）煤矿顶板砂岩　　　　　　　　　　（b）取芯和切割机

（c）花岗岩　　　　　　　　　　（d）大理岩

（e）张双楼煤矿顶板砂岩　　　　　　　　　　（f）任楼煤矿顶板砂岩

图 2-1　岩样制备情况图

表 2-1　各岩样平均密度表

岩样	任楼煤矿顶板砂岩	张双楼煤矿顶板砂岩	花岗岩	大理岩
密度/(g·cm^{-3})	2.73	2.61	2.71	2.85

2.1.2　试验系统

岩石材料单轴压缩破坏力电特性试验系统主要用于测量花岗岩、大理岩、顶板砂岩在压缩变形破坏过程中产生的电流、电压,以及对应的应力、应变随时间的变化规律。该系统主要由单轴压缩测试系统、PSC/PSV 数据采集系统和屏蔽及防护系统构成。图 2-2 为测试系统的试验原理图。

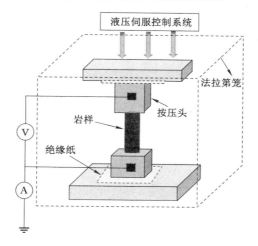

图 2-2 力电特性试验原理图

（1）单轴压缩测试系统

采用美特斯工业系统（中国）有限公司生产的液压万能试验机 MTS-C64.605 进行单轴压缩试验，可以实时记录力、载荷、应变等参数随时间的变化，采样速率高。该试验机支持多种控制方式，常用的有力控制、应变控制、位移控制等，其计算机系统可以记录并计算受载岩样的应力、应变变化数值，如图 2-3 所示。

图 2-3 压缩加载试验系统

（2）电流、电压采集系统

本试验需要采集岩样在开始受载直至破坏过程中产生的电流和电压的大小，所用设备为 DMM6500 型数字表。该数字表测量范围较大，电流为 10 pA～10 A，电压为 100 nV～1 000 V。

仪器与计算机连接后,通过 KickStart 软件可以配置、测试及从多台仪器采集数据,可以同时控制最多 8 台仪器,从每台仪器中检索数百万个读数。因此,KickStart 软件能够满足数据记录需求,使用模数转换(DMM)器,从瞬态事件中捕获大量数据。图 2-4 为电流、电压数据采集及记录系统。

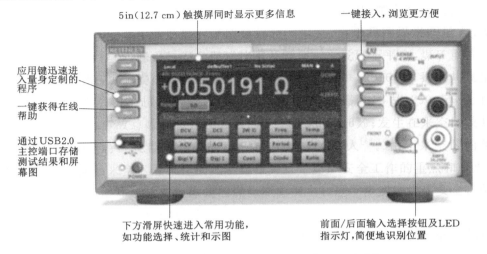

图 2-4　DMM6500 型电流、电压数据采集及记录系统

（3）屏蔽防护系统

在试验过程中,需要对岩样和试验系统进行屏蔽和保护,以期采集到的电流和电压数据真实、有效,避免外界因素对数据的分析造成干扰。此次试验选用网格尺寸为 200 目的铜网制成法拉第笼,将岩样及压块覆盖,实现隔绝外界电磁信号的干扰;同时,试验所用的线缆均采用屏蔽线缆,可以有效地屏蔽噪声。为了防止岩样受载破碎过程中产生的碎屑往外飞溅造成不必要的破坏,在试验机外安装了透明防护罩。

2.1.3　试验方案及过程

试验内容包括:研究不同岩石在不同线性加载速率下产生的电流、电压变化规律;在不同加载方式(单轴压缩、分级加载、增量循环)下产生的电流、电压变化规律;不同岩石变形破坏过程中产生的电流、电压影响规律及特征。

整个试验过程可以按以下步骤进行:

① 岩石试样制备完成后,可进行超声波波速测试,通过波速测试剔除同类岩样中差异性较大的试样,防止岩样内部原生异常裂隙或在搬运、加工过程中造成的裂隙对试验结果造成影响。

② DMM6500 型数字表一端通过鳄鱼夹与下部压头连接,另一端接地,用于

测试岩样产生的电流。与此同时,另外一个数字表的一端通过鳄鱼夹与上部压头连接,另一端接地,用于测试岩样产生的电压。压头通过铜胶带与鳄鱼夹相接,铜胶带正、反两面的电阻均为零,数据由计算机存储。绝缘纸的电阻值大于 $2.4\ M\Omega$,压头采用精钢所制,其阻值可以忽略不计。

③ 将岩样和试验设备连接好后,启动 MTS 试验机微机系统,通过程序设计不同的加载速率和加载方式。本试验均采用力加载的方式进行加载,加载方式分别设置为线性加载、分级加载和增量循环加载。

在线性加载方式下,力是匀速加载的,即:

$$S = at \tag{2-1}$$

式中,a 为应力变化速率,即加载速率;S 为应力;t 为时间。

当 $t = t_f = S_{max}/a$ 时,表示岩样破碎,其中 S_{max} 表示岩样的极限抗压强度,t_f 表示破碎时间。

当加载速率分别设置为 $0.5\ kN/s$、$1\ kN/s$、$5\ kN/s$、$10\ kN/s$ 时,可认为 $0.5\ kN/s$ 和 $1\ kN/s$ 为低加载速率,$5\ kN/s$ 和 $10\ kN/s$ 为高加载速率。

线性加载的方式为以不同的加载速率,恒定加载至岩样破裂;分级加载的方式为以 $1\ kN/s$ 的速率加载至一定应力水平后保持 $10\ s$,继续以 $1\ kN/s$ 加载,如此循环,总共出现进行 4 个分级,随后加载至岩样破坏,只记录岩样完成 4 个循环后的数据,破裂过程不再研究;增量循环加载的方式为以 $1\ kN/s$ 的速率加载至一定应力水平,随后以 $1\ kN/s$ 的速率卸载至前一个应力水平,如此循环 4 次,最后直至岩样破坏。加载路径如图 2-5 所示。

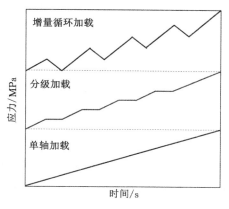

图 2-5 加载路径示意图

④ 启动计算机 KickStart 软件,选择合适的采样速率,并设置好其他试验参数。

⑤ 各测试系统准备完成后,同时开始试验机应力加载和电流电压测试数据采集。

⑥ 待岩样破坏后,试验机将自动停止,而电流电压数据采集则继续采集数秒。

2.2 不同加载速率的力电特性

2.2.1 不同加载速率的电流变化规律

利用单轴加载的方式对不同岩样进行加载,加载速率分别为 0.5 kN/s、1 kN/s、5 kN/s、10 kN/s,对于花岗岩、大理岩、任楼煤矿顶板砂岩、张双楼煤矿顶板砂岩分别记为 HGY-0.5、HGY-1、HGY-5、HGY-10、DLY-0.5、DLY-1、DLY-5、DLY-10、RL-0.5、RL-1、RL-5、RL-10、XZ-0.5、XZ-1、XZ-5、XZ-10。因为电流表一端接地,所以这里的电流测量值表示岩石样品受载一端形成的电荷流动。为了便于分析其变化规律,这里所有的电流值均进行绝对值化,只分析电流的大小,即只分析其中电荷流动量的大小,而不分析其中的极性变化。

图 2-6 为不同加载速率下花岗岩电流随时间的变化规律。为了便于分析,图中的 $s=S/S_{max}$。由于 S_{max} 为岩样的极限抗压强度,是一个常数,所以 S 的变化规律和 s 的一样。作为一种岩浆岩,花岗岩构成大陆上部地壳的基础,花岗岩又是一种压电性矿物,其变形破裂过程中产生的电磁效应受到科研人员的关注。岩石样品在单轴压缩作用下会伴随着弱电流的产生,即压力受激电流(PSC)。从图 2-6 可以看出,花岗岩在干燥条件下,在不同的加载速率下 PSC 曲线均有明显的变化。显然,由于加载速率不同,所以低加载速率和高加载速率表现出的规律不一致。

在低加载速率情况下,加载初期的 PSC 变化较小,电流值大小在较低水平保持不变或者缓慢增长,且波动频率较低。当应力继续增加,即 $t=t_d$ 时,电流开始缓慢增加。此时,对应的应力水平 $S=S_d$,对应的 s 为 s_d。当花岗岩加载速率为 0.5 kN/s 时,t_d 为 162.33s,$s_d=0.694$;当花岗岩加载速率为 1 kN/s 时,t_d 为 240.49 s,$s_d=0.753$,具体见表 2-1。当应力继续增加时,PSC 实现类似指数增加,直至 t_f,即岩石完全破坏。此时,$S=S_{max}$,$s=1$,即应力达到岩石的极限抗压强度,PSC 峰值 C_{peak} 出现时间与应力突变出现时间基本一致。当加载速率分别为 0.5 kN/s、1 kN/s 时,C_{peak} 和 S_{max} 的大小分别为 52.04 nA、60.01 MPa 和 62.6 nA、81.05 MPa,见表 2-2。

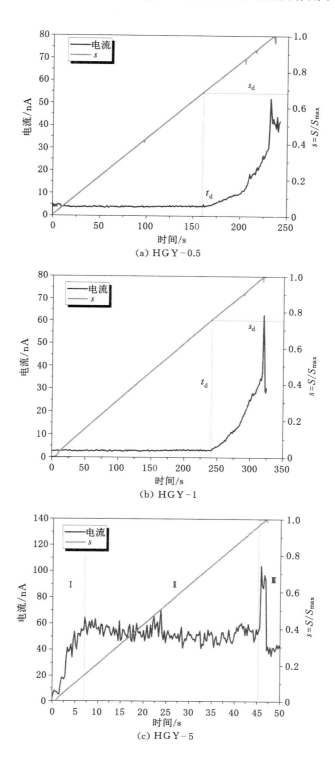

图 2-6 不同加载速率下花岗岩电流随时间的变化规律

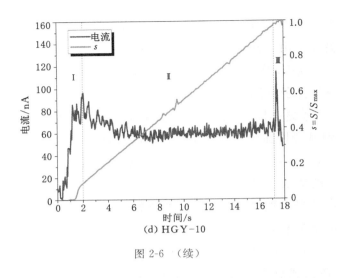

(d) HGY-10

图 2-6 （续）

表 2-2   不同加载速率下花岗岩 PSC 的特征值

岩样名称	s_d	T_1/s	$C\text{-}1_{max}/nA$	C_{peak}/nA	S_{max}/MPa
HGY-0.5	0.694	—	—	52.04	60.01
HGY-1	0.753	—	—	62.60	81.05
HGY-5	—	7.08	64.36	104.14	118.60
HGY-10	—	2.06	96.55	97.67	88.22

在高速加载过程中，整个加载过程中 PSC 可以分为 3 个阶段：阶段 Ⅰ，PSC 随着应力的增加而增加，在短时间内即达到一个极值 C_{max}。尤其是在图 2-6(d) 中，由于在加载初期出现了应力冲击过程，可以看到电流出现了突增的过程。对比图 2-6(c)、图 2-6(d) 岩样阶段 Ⅰ 曲线可以看出，加载速率不同，电流增加速率也不同。在阶段 Ⅰ 中，各个岩样的 PSC 最大值 C_{max} 及所用的时间 T_1 各不相同，当加载速率分别为 5 kN/s、10 kN/s 时，分别在 7.08 s 和 2.06 s，C_{max} 达到 64.36 nA 和 96.55 nA，见表 2-2。随着应力的增加，电流变化进入阶段 Ⅱ，此时 PSC 变化较小，电流值的大小基本保持不变或整体保持缓慢增长，在部分区域甚至出现下降趋势，尤其是在加载速率为 10 kN/s，在经过阶段 Ⅰ 时电流值突变后出现缓慢下降，随后才保持缓慢增长。随着应力继续增大，当 $S = S_{max}$ 时，此时 PSC 出现突变，迅速达到峰值后呈下降趋势，峰值持续时间较短，PSC 峰值出现时间与应力突变出现时间基本一致。在峰值电流出现后，电流值仍能保持在较高水平，说明花岗岩在产生主破断后还能持续放电，形成较强的电流。在此阶段中，各个岩样的 PSC 峰值有所不同，加载速率分别为 5 kN/s 和 10 kN/s 时，

C_{peak} 分别达到 104.14 nA 和 97.67 nA,各岩样的 PSC 峰值 C_{peak} 见表 2-2。试验结果表明,花岗岩受载破坏过程中在低加载速率和高加载速率情况下产生的 PSC 曲线有不同变化规律,但都与所受应力有较好的一致性,尽管电流的变化反映了花岗岩的受力及破坏状态,但不能做到预先警示作用。

综上所述,花岗岩 PSC 在较低加载速率情况下,先出现低水平平缓阶段,后出现指数增长阶段。然而在高加载速率下,PSC 总共经历 3 个阶段,分别为快速增长阶段、平缓阶段和突变阶段。

图 2-7 为不同加载速率下大理岩电流随时间的变化规律。大理岩是一种变质岩,分布很广,它在变形破裂过程中产生的电磁效应则是科研人员关注的焦点。从图 2-7 可以看出,大理岩在干燥条件下,不同加载速率下 PSC 曲线均有明显的变化;同样,由于加载速率不同,低加载速率和高加载速率表现出的规律不一致。

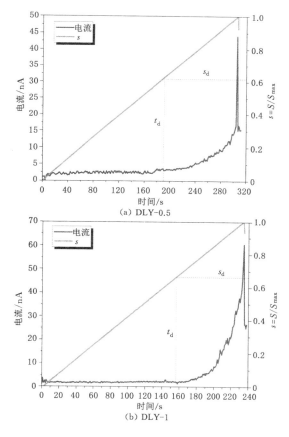

图 2-7　不同加载速率下大理岩电流随时间的变化规律

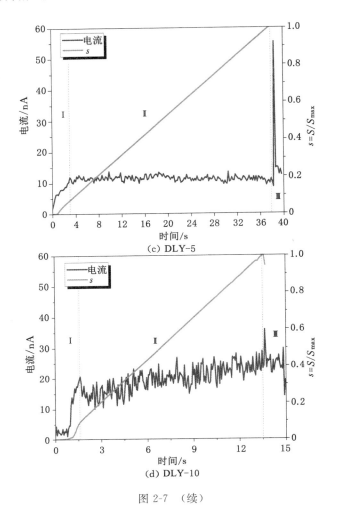

图 2-7 （续）

在低加载速率情况下，加载初期 PSC 变化较小，电流值在较低水平下保持不变或者缓慢增长，且波动频率较低，当应力继续增加，即 $t=t_d$ 时，电流开始缓慢增加。大理岩加载速率为 0.5 kN/s 时，$t_d=185.6$ s，$s=0.609$；当大理岩加载速率为 1 kN/s 时，$t_d=156.81$ s，$s=0.667$，具体见表 2-3。与花岗岩类似，在应力继续增加时，大理岩的 PSC 出现类似指数增加的规律，直至 t_f，PSC 峰值 C_{peak} 出现时间与应力突变出现时间基本一致。当加载速率为 0.5 kN/s 时，S_{max} 和 C_{peak} 分别为 77.73 MPa 和 43.98 nA；当加载速率为 1 kN/s 时，S_{max} 和 C_{peak} 分别为 118.14 MPa 和 60.41 nA，具体见表 2-3。

在高速加载过程中，同样整个加载过程中 PSC 可以分为 3 个阶段：阶段 I，PSC 随着应力的增加而增加，在短时间内即达到一个极值 C_{max}。尤其是在图 2-7(d) 中，由于在加载初期出现了应力冲击过程，可以看到电流出现了突增的过程。对比图 2-7(c)和图 2-7(d)岩样阶段 I 曲线可以看出,加载速率不同,电流增加速率也不同。在阶段 I 中,各个岩样的 PSC 最大值 C_{max} 及所用的时间 T_1 各不相同,加载速率分别为 5 kN/s 和 10 kN/s 时,分别在 3.01 s 和 1.62 s, C_{max} 达到 11.93 nA 和 20.59 nA,具体见表 2-3。随着应力的增加,电流变化进入阶段 II,此时 PSC 变化较小。与花岗岩不同的是,当加载速率分别为 5 kN/s 和 10 kN/s,在经过阶段 I 电流值的快速增长后,应力不会出现缓慢下降的情况,而是保持大小不变或缓慢增大的规律。随着应力继续增大,当 $S = S_{max}$ 时,此时 PSC 出现突变,迅速达到峰值后下降,峰值持续时间较短,PSC 峰值出现时间与应力突变出现时间基本一致。在峰值电流出现后,电流值仍能保持在较高水平,说明大理岩在产生主破断后还能持续放电,形成较强的电流。在此阶段中,各个岩样的 PSC 峰值 C_{peak} 及所用时间各不相同,当加载速率分别为 5 kN/s 和 10 kN/s 时,C_{peak} 分别达到 55.26 nA 和 35.87 nA,各岩样的 PSC 峰值 C_{peak} 见表 2-3。试验结果表明,与花岗岩一样,大理岩受载破坏过程中在低加载速率和高加载速率情况下产生的 PSC 曲线有不同变化规律,但都与所受应力有较好的一致性,电流的变化反映了花岗岩的受力及破坏状态。因此,大理岩 PSC 在较低加载速率情况下,先处于低水平平缓阶段,后出现指数增长阶段;而在高加载速率下,PSC 总共经历 3 个阶段,分别为快速增长阶段、平缓阶段和突变阶段。

表 2-3 不同加载速率下大理岩 PSC 的特征值

岩样名称	s_d	T_1/s	C_{max}/nA	C_{peak}/nA	S_{max}/MPa
DLY-0.5	0.609	—	—	43.98	77.73
DLY-1	0.667	—	—	60.41	118.14
DLY-5	—	3.01	11.93	55.26	95.35
DLY-10	—	1.62	20.59	35.87	67.28

图 2-8 和图 2-9 分别为任楼煤矿顶板砂岩和张双楼煤矿顶板砂岩在不同加载速率下的电流变化规律。煤矿顶板砂岩是一种沉积岩,主要由各种砂粒胶结而成。为预防冲击地压和岩爆,研究较多的是其力学性能,部分科研人员探索了其电性参数(电阻率),为深部岩层探测、探水提供试验基础。砂岩作为采空区顶板,周围介质极易形成预混瓦斯爆炸气体,其产电特性的研究可以为预防瓦斯爆炸提供理论基础。从图 2-8 和图 2-9 可以看出,煤矿顶板砂岩在不同的加载速率下 PSC 曲线与大理岩和花岗岩表现出相似的规律。

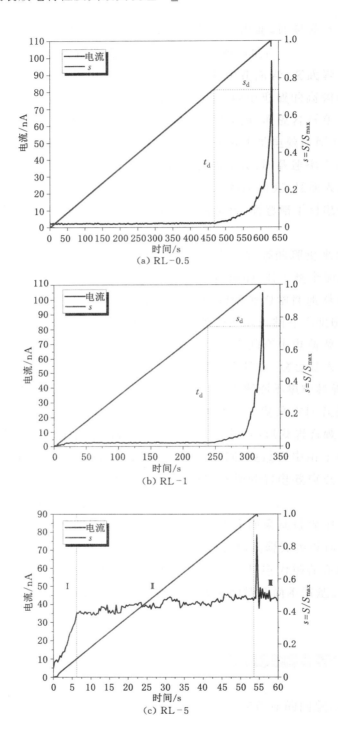

图 2-8　不同加载速率下任楼煤矿顶板砂岩电流随时间的变化规律

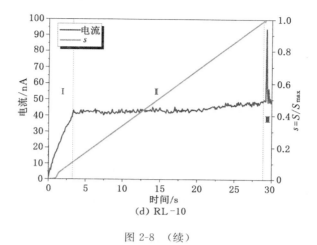

(d) RL-10

图 2-8 (续)

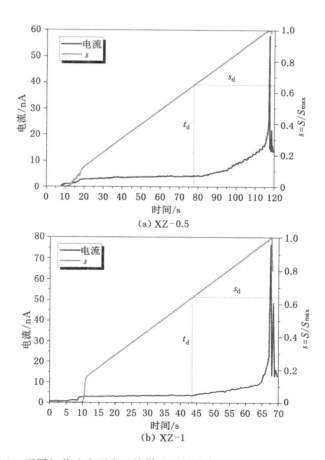

(a) XZ-0.5

(b) XZ-1

图 2-9 不同加载速率下张双楼煤矿顶板砂岩电流随时间的变化规律

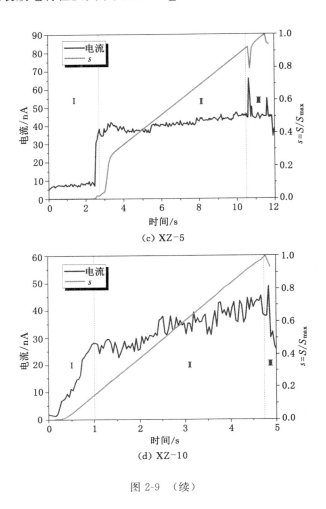

(c) XZ-5

(d) XZ-10

图 2-9 （续）

在低加载速率情况下,加载初期 PSC 变化较小,电流值在较低水平下保持不变或者缓慢增长,且波动频率较低,当应力继续增加,即 $t=t_d$ 时,电流开始缓慢增加。RL 砂岩在加载速率为 0.5 kN/s 时,t_d 为 466.5 s,$s=0.740$;加载速率为 1 kN/s 时,t_d 为 237.38,$s=0.742$,具体见表 2-4。XZ 砂岩在加载速率为 0.5 kN/s 时,t_d 为 77.74 s,$s=0.645$;当加载速率为 1 kN/s 时,t_d 为 43.37,$s=0.639$。与花岗岩和大理岩类似,在应力继续增加时,砂岩 PSC 呈现类似指数增加的规律,直至 t_f,此时 PSC 峰值 C_{peak} 出现时间与应力突变出现时间基本一致。当加载速率为 0.5 kN/s、1 kN/s 时,RL 砂岩的 S_{max} 和 C_{peak} 的大小分别为 159.81 MPa、98.15 nA 和 162.05 MPa、104.61 nA,XZ 砂岩的 S_{max} 和 C_{peak} 的大小分别为 28.25 MPa、57.88 nA 和 34.17 MPa、76.60 nA,具体见表 2-4。

表 2-4 不同加载速率下砂岩 PSC 的特征值

岩样名称	s_d	T_1/s	C_{max}/nA	C_{peak}/nA	S_{max}/MPa
RL-0.5	0.740	—	—	98.15	159.81
RL-1	0.742	—	—	104.61	162.05
RL-5	—	6.31	35.41	78.39	138.04
RL-10	—	3.30	43.20	94.03	147.80
XZ-0.5	0.645	—	—	57.88	28.25
XZ-1	0.639	—	—	76.60	34.17
XZ-5	—	2.71	38.30	65.70	28.26
XZ-10	—	1.04	28.21	48.79	22.30

在高速加载过程中,同样整个加载过程中 PSC 可以分为 3 个阶段:阶段 I, PSC 随着应力的增加而增加,在短时间内即达到一个极值 C_{max}。尤其是在图 2-9(b)和图 2-9(c)中,加载初期的应力冲击过程使得电流出现了突增的过程。从图 2-8 中(c)和图 2-8(d)的岩样阶段 I 曲线可以看出,加载速率不同,电流增加速率也不同。在阶段 I 中,任楼煤矿顶板砂岩各个岩样的 PSC 最大值 C_{max} 及所用的时间 T_1 各不相同,当砂岩加载速率分别为 5 kN/s 和 10 kN/s 时,分别在 6.31 s、3.3 s 时刻 C_{max} 达到 35.41 nA 和 43.2 nA。张双楼煤矿顶板砂岩在加载速率为 5 kN/s 和 10 kN/s 时,分别在 2.71 s、1.04 s 时刻 C_{max} 达到 38.3 nA 和 28.21 nA,具体见表 2-3。随着应力的增加,电流变化进入阶段 II,此时 PSC 变化较小,不管是 RL 砂岩,还是 XZ 砂岩,电流值大小基本保持不变或整体保持缓慢增长,但是波动幅值较低加载速率时要大一些。随着应力继续增大,此时 PSC 进入阶段 III,电流的变化出现不同,任楼煤矿顶板砂岩电流值出现突变,迅速达到峰值后下降,峰值持续时间较短,PSC 峰值出现时间与应力突变出现时间基本一致。在峰值电流出现后,电流值仍能保持在较高水平。在此阶段中,各个岩样的 PSC 峰值 C_{peak} 及所用时间各不相同,其中 RL 砂岩加载速率分别为 5 kN/s 和 10 kN/s 时,C_{peak} 分别为 78.39 nA 和 94.03 nA。而张双楼煤矿顶板砂岩在此阶段电流出现突变,但变化规律表现不一致,在 10 kN/s 加载速率时出现突降,没有明显的峰值电流,这可能与其抗压强度较低有关,本书取其最大值作为峰值电流,C_{peak} 为 48.79 nA。

综上所述,顶板砂岩受载过程中产生的电流与花岗岩、大理岩变化规律基本一致;同样地,在恒定加载速率情况下,PSC 总共经历 3 个阶段,分别为快速增长阶段、平缓阶段和突变阶段。

2.2.2　对电流变化规律的分析

岩石等非均质材料的断裂是一个复杂的过程，一般认为是一个非线性的过程，在非平衡条件下，涉及不同时间和不同长度，同时在多个水平上以高度复杂的方式相互作用。这一过程受微裂纹成核、生长和黏结的控制，最终导致微裂纹的破坏。随着该过程产生压力受激电流，由于其作为有希望的地震前兆信息，所以引起了人们强烈的研究兴趣。在变形过程中，当岩样受到外界施加的应力时，各种机制共同作用于PSC的产生。这些机理与裂纹的产生和扩展过程有关，断裂和应力诱导效应可以被看作由尺度不变的长期相互作用的无序系统的不可逆动力学结果。

裂纹扩展的各个阶段对自由电荷的影响是不同的，在裂纹萌生阶段，应力变化率是主要影响因素。在裂纹稳定传播阶段，表面波的传播特性起着决定性的作用。在裂纹熔透阶段，裂纹的数量、裂纹尖端的温度和试样中的缺陷成为引起电荷变化的主要原因。

岩芯在线弹性范围内其所受的应力 S 是应变 ε 的函数，即：

$$S = Y_0 \varepsilon \tag{2-2}$$

式中，Y_0 为未损伤材料在弹性范围内的杨氏弹性模量。

当应力超过弹性范围时，就会产生微裂纹。对于给定的 S 值，应变 ε 要大于式（2-2）给出的值，即：

$$S = Y_e \varepsilon \tag{2-3}$$

式中，Y_e 为有效弹性模量，并且 Y_e 不再是常数。

在塑性范围内随着应力的增加，杨氏弹性模量逐渐减小。为了表征这一过程，引入损伤参数 D，即：

$$Y_e = Y_0(1 - D) \tag{2-4}$$

因为损伤参数可以定量描述线弹性偏差，所以其代表了微裂纹的产生速率。D 取值范围为 $0 \sim 1$，当 $D = 0$ 时，处于线弹性阶段，可以用式（2-2）表示；当 $D = 1$ 时，表示岩石破裂。Slifkin[167]定性描述了脆性材料在应力突然增加时的理论模型，为了解释非压电材料和非动电材料中由于应力而产生的电流，随后瓦里阿那托斯（Vallianatos）和赞尼斯（Tzanis）发展了这一理论模型。这一模型被称为移动位错带电模型（MCD），根据该模型观测到瞬态电性变化与变形的非平稳积累有关，所用模型同样适合含压电材料的岩样，这是因为在损伤阶段，压电效应产生的是束缚电荷，对电流影响较弱。压力受激电流 I 与应变速率 $\mathrm{d}\varepsilon/\mathrm{d}t$ 成正比。因此，如果杨氏弹性模量 $Y = Y_a = $ 常数，那么：

$$I \propto \frac{\mathrm{d}\sigma}{\mathrm{d}t} \qquad\qquad (2\text{-}5)$$

如果杨氏弹性模量 $Y = Y_e$，那么根据式(2-2)和式(2-3)可以得到：

$$I \propto \frac{1}{Y_e}\frac{\mathrm{d}\sigma}{\mathrm{d}t} \propto \frac{1}{1-D}\frac{\mathrm{d}\sigma}{\mathrm{d}t} \qquad\qquad (2\text{-}6)$$

为了便于分析，以 s 为纵坐标、以 ε 为横坐标作图，仅以各岩样 1 kN/s 为例，如图 2-10 所示。从图 2-10 可知，当 s 小于 0.3 时，各岩样的应变变化速率较大，此时岩样处于压密阶段；当 s 大于 0.3 时，应力-应变曲线呈直线上升趋势，此时岩样处于线弹性阶段。随着应力继续增加，应力-应变曲线偏离直线，此时 $s = s_d$。值得注意的是，当正态应力超过极限值 $s = 0.65$ 时，岩石样品实际上已经超出了(线性的)弹性范围，当应力增加时，杨氏弹性模量逐渐变小。因此，不管是花岗岩、大理岩，还是砂岩，当应力值 $s = 0.60 \sim 0.75$ 时，PSC 开始出现增长趋势，并出现瞬态

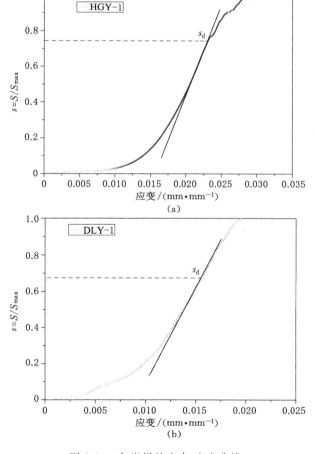

图 2-10　各岩样的应力-应变曲线

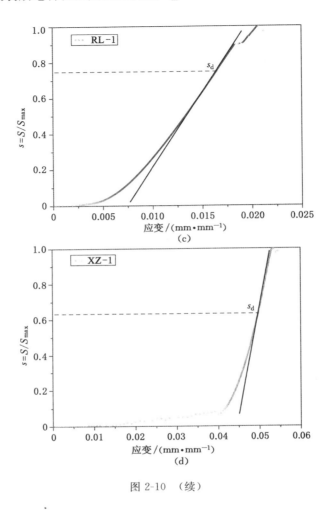

图 2-10 （续）

变化的电流,这与式(2-6)的描述一致,也与 2.2.1 小节中电流变化规律一致。因此,尽管 dS/dt 是恒定的,但 PSC 的变化是由于杨氏弹性模量的变化引起的。

综上所述,在低加载速度阶段:当 $dS/dt = a =$ 常数,且式(2-2)有效时,即 $s < s_d$ 时,不应观察到显著的瞬态 PSC;当应力超过弹性极限时,微裂纹(损伤)开始形成,应力的进一步增大导致微裂纹的增殖和扩展,岩石发生非弹性变形,并能检测到瞬态的、增大后的 PSC。由图 2-10 可知,在低加载速率下,岩石应力受载产生的电流符合断裂力学的损伤带电模型,而破断瞬间产生的突变电流则不符合此模型;在高加载速度阶段,即使在线性范围内对岩石样品施加应力,也可以检测出 PSC,即岩样在初始线弹性阶段产生增长的电流。此时加载速度存在冲击作用,岩石的原始裂纹快速闭合,同时快速产生新的裂纹,因而会产生快速增长的电流。

2.2.3 不同加载速率的电压变化规律

关于岩石受载会产生电信号的研究,前人多是研究其表面电位(自电位),但研究过程中受岩石表面裂隙不均质影响,结果会有较大差异,不能代表整个岩石样品在受载过程中的电信号变化规律。为了更好地说明岩石受载过程中的产电特性,测试岩石两端在不同加载速率下的应力刺激电压,即 PSV。由于电压表一端接地,所以这里的电压测量值表示的是岩石样品受载一端形成的相对于零电势的电压值。为了便于分析其变化规律,这里所有的电压值均为绝对值,仅用于分析电压的大小,而不分析其中的极性变化。

图 2-11 为不同加载速率下花岗岩电压随时间的变化规律。从图 2-11 可以看出,岩样在不同的加载速率下 PSV 曲线均有明显的变化,与电流变化相似的是,尽管加载速率不同,但不同加载速率 PSV 曲线表现出相似的规律。在应力增加的初始阶段,各岩样均表现出电压突增的一致性,即在岩石的压密阶段,岩样的 PSV 在较短时间内产生峰值电压,其增加速率远大于 PSC 阶段 I 的增加速率。尤其是图 2-11(d)中,由于加载速率较大,在加载初期存在一个冲击应力,形成受力的不均衡,导致 PSV 出现剧烈波动,并迅速达到峰值,峰值电压达到 1.318 V,对应的应力为 10 MPa。此时花岗岩的 PSV 出现了第一个峰值,各岩样的 PSV 峰值 V_{1peak} 各不相同,当加载速率为 0.5 kN/s、1 kN/s、5 kN/s、10 kN/s 时,分别在 11.04 s、12.48 s、2.49 s、1.44 s 时刻 V_{1peak} 达到 0.228 V、0.269 V、0.584 V、1.318 V,见表 2-5。研究表明,随着加载速率的增加,PSV 的增大速率也增加;而在 PSV 达到波峰之后,PSV 开始以不同幅值波动缓慢上升。在上述过程中,岩样处于弹性向塑性转变的阶段,岩芯体积收缩趋势减缓甚至不再改变,但 PSV 呈缓慢增大趋势。当应力有突变时,电压会随之发生突变,但变化幅度很小,不能改变整体的变化趋势,说明岩样中有微小裂隙的产生,如图 2-11(b)所示。随着应力的继续增大,岩样进入破裂阶段,裂纹在外界压力条件下自发扩展,直至宏观破裂,在岩样破裂的瞬间,PSV 出现突变,瞬间达到峰值,PSV 峰值时间较岩样宏观破裂时间基本同步。此时花岗岩的 PSV 出现了第二个峰值,各岩样的 PSV 峰值 V_{2peak} 各不相同,当加载速率为 0.5 kN/s、1 kN/s、5 kN/s、10 kN/s 时,分别在 235.92 s、319.10 s、46.03 s、17.57 s,V_{2peak} 达到 0.484 V、0.624 V、1.455 V、1.39 V,见表 2-5。在峰值电压出现后,电压值仍能保持在较高水平并持续数秒。结果表明,煤矿顶板砂岩破坏时产生的电压与所受应力有较好的一致性,电压变化反映了砂岩的受力及破坏状态。因此,在恒定加载速率情况下,PSV 在加载初期及岩样塑性破裂时分别出现两个波峰,电压出现瞬间突变。

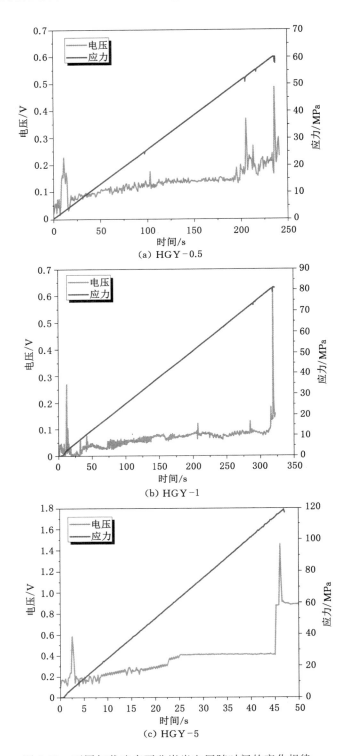

图 2-11 不同加载速率下花岗岩电压随时间的变化规律

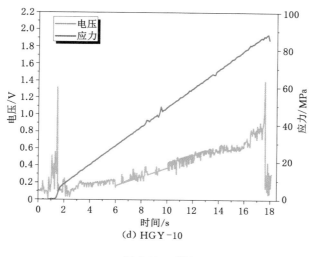

（d）HGY-10

图 2-11　（续）

表 2-5　花岗岩的两个电压峰值

峰值	V_{1peak}/V	T_1/s	V_{2peak}/V	T_2/s
HGY-0.5	0.228	11.04	0.484	235.92
HGY-1	0.269	12.48	0.624	319.10
HGY-5	0.584	2.49	1.455	46.03
HGY-10	1.318	1.44	1.39	17.57

　　图 2-12 为不同加载速率下大理岩电压随时间的变化规律。从图 2-12 可以看出,岩样在不同的加载速率下 PSV 曲线均有明显的变化,其变化规律和花岗岩的稍有不同。在应力增加的初始阶段,并没有表现出电压突增的规律,即在岩石的压密阶段,岩样的 PSV 在较短时间内并不都会产生峰值电压,而是在高加载速率情况下才会产生电压突增的情况,出现应力冲击现象,因而会产生较大的电压值。其中,从图 2-12(a)可以看出,PSV 整体水平较低,最小值达到 10^{-5} V 的量级,说明在较低加载速率和应力水平下,大理岩的 PSV 值也很小,这可能与大理岩不含有压电晶体有关。在高加载速率下,加载初期大理岩的 PSV 出现了第一个峰值,各岩样的 PSV 峰值 V_{1peak} 各不相同,当加载速率为 5 kN/s、10 kN/s 时,分别在 2.66 s、1.14 s 时刻 V_{1peak} 达到 0.163 V、0.194 V,见表 2-6。而在 PSV 达到波峰之后,PSV 开始以不同幅值波动缓慢上升。研究表明,大理岩的 PSV 值波动幅度较花岗岩的波动幅度小,其 PSV 曲线更加平滑。随着应力的继续增大,在岩样破裂的瞬间,PSV 出现突变,瞬间达到峰值,PSV 峰值时间较岩样宏观破裂时间基本同步。此时大理岩的 PSV 出现了第二个峰值,各岩

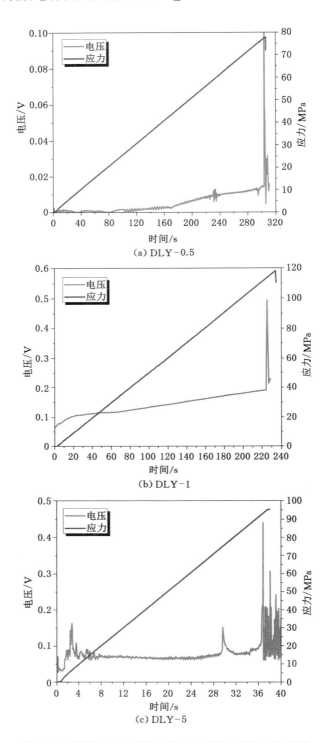

图 2-12　不同加载速率下大理岩电压随时间的变化规律

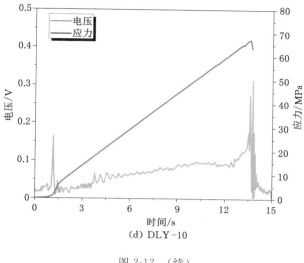

(d) DLY-10

图 2-12 （续）

样的 PSV 峰值 V_{2peak} 各不相同，当加载速率为 5 kN/s、10 kN/s 时，分别在
35.84 s、13.57 s 时刻 V_{2peak} 达到 0.440 V、0.272 V，见表 2-6。结果表明，大理
岩变形破坏时产生的电压与所受应力有较好的一致性，电压的变化规律反映了
大理岩的受力及破坏状态。

表 2-6　大理岩的两个电压峰值

峰值	V_{1peak}/V	T_1/s	V_{2peak}/V	T_2/s
DLY-0.5	—	—	0.322	303.99
DLY-1	—	—	0.494	234.56
DLY-5	0.163	2.66	0.440	35.84
DLY-10	0.194	1.14	0.272	13.57

图 2-13 和图 2-14 分别为不同加载速率下任楼煤矿顶板砂岩和张双楼煤矿
顶板砂岩电压随时间的变化规律。

从图 2-13 和图 2-14 可以看出，岩样在不同的加载速率下 PSV 曲线均有明
显的变化，此时两种砂岩均出现了和花岗岩一样的"双峰"变化规律其变化规律。
也就是说，在应力增加的初始阶段，各岩样均表现出电压突增的一致性，即在岩
石的压密阶段，岩样的 PSV 在较短时间内即产生峰值电压。在图 2-14（b）和
图 2-14（c）中，存在一个冲击应力，形成受力的不均衡，导致 PSV 出现剧烈波动，
并迅速达到峰值，而在 0.5 kN/s 和 10 kN/s 的情况下，没有冲击应力，试验中出
现了峰值电压。可以看出，各岩样的 PSV 峰值 V_{1peak} 各不相同，当 RL 砂岩的加

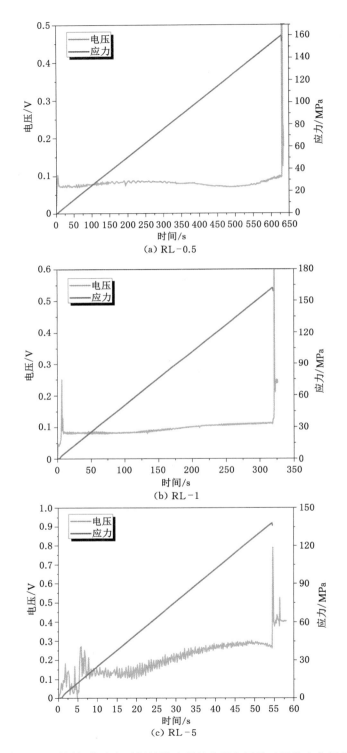

(a) RL-0.5

(b) RL-1

(c) RL-5

图 2-13　不同加载速率下任楼煤矿顶板砂岩电压随时间的变化规律

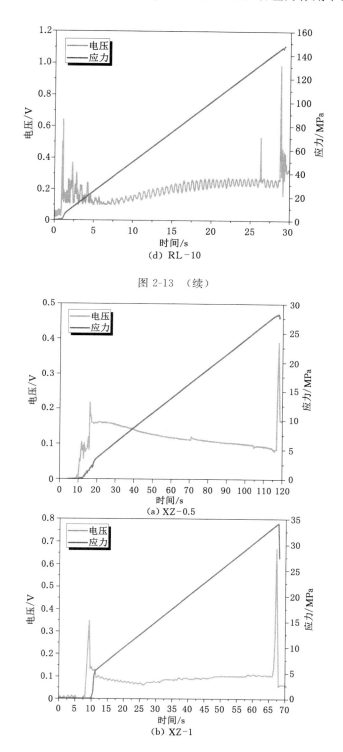

图 2-13 （续）

（a）XZ-0.5

（b）XZ-1

图 2-14 不同加载速率下张双楼煤矿顶板砂岩电压随时间的变化规律

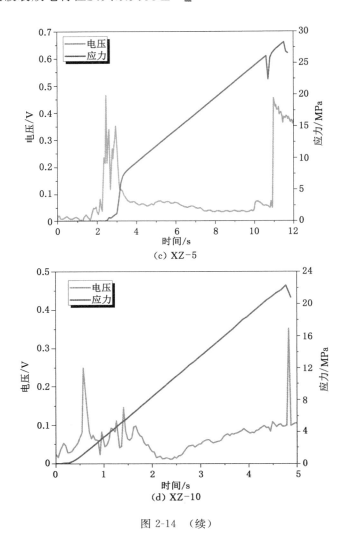

(c) XZ-5

(d) XZ-10

图 2-14 （续）

载速率为 0.5 kN/s、1 kN/s 、5 kN/s、10 kN/s 时,分别在 4.16 s、6.63 s、5.61 s、1.04 s 时刻 V_{1peak} 达到 0.103 V、0.250 V、0.567 V、0.640 V;当 XZ 砂岩的加载速率为 0.5 kN/s、1 kN/s 、5 kN/s、10 kN/s 时,分别在 16.10 s、9.26 s、2.66 s、0.57 s 时刻 V_{1peak} 达到 0.217 V、0.348 V、0.460 V、0.249 V,见表 2-7。任楼煤矿顶板砂岩在 PSV 达到波峰之后,PSV 开始以不同幅值波动缓慢上升。其中,在低加载速率条件下,PSV 曲线表现得更加平滑;在高加载速率条件下,PSV 曲线波动幅值较大,这可能与高加载速率下岩石变形破裂速度剧烈有关。XZ 砂岩 PSV 达到波峰之后,PSV 曲线表现得不尽相同。其中,在低加载速率下,PSV 出现缓慢下降的趋势,尽管应力水平在持续增加;在高加载速率下,PSV 曲线会缓慢上升。在岩样破裂的瞬间,PSV 出现突变,瞬间达到峰值,PSV 峰值时间较岩样宏观破裂时间基本同步。此时不管是 RL 砂岩,还是 XZ 砂岩,PSV 出现了第二个峰值,各岩样的 PSV 峰值 V_{2peak} 各不相同。当 RL 砂岩的加载速率为 0.5 kN/s、1 kN/s、5 kN/s、10 kN/s 时,分别在 629.33 s、321.14 s、54.59 s、28.75 s 时刻 V_{2peak} 达到 1.607 V、2.080 V、0.789 V、0.986 V;当 XZ 砂岩的加载速率为 0.5 kN/s、1 kN/s、5 kN/s、10 kN/s 时,分别在 117.90 s、67.21 s、11.89 s、4.82 s 时刻 V_{2peak} 达到 0.390 V、0.670 V、0.450 V、0.350 V,见表 2-7。

表 2-7 砂岩的两个电压峰值

峰值	V_{1peak}/V	T_1/s	V_{2peak}/V	T_2/s
RL-0.5	0.103	4.16	1.607	629.33
RL-1	0.250	6.63	2.080	321.14
RL-5	0.567	5.61	0.789	54.59
RL-10	0.640	1.04	0.986	28.75
XZ-0.5	0.217	16.10	0.390	117.90
XZ-1	0.348	9.26	0.670	67.21
XZ-5	0.460	2.66	0.450	11.89
XZ-10	0.249	0.57	0.350	4.82

2.2.4 对电压变化规律的分析

固体材料断裂引起的电势变化受到了许多学者的关注,他们针对不同的材料提出了不同的机理。其中,研究最广泛的是花岗岩和大理岩,这是因为花岗岩和大理岩在地壳中的含量极高,研究电势变化对于预测地震具有重要意义。下面针对 3 种岩石受力产生的电压进行研究,以期揭示岩石的产电特性。

显然,在不同加载速率下,各岩样的 PSV 曲线与 PSC 曲线并不一致。尤其是花岗岩和砂岩,无论是在高加载速率下,还是在低加载速率下,PSV 曲线均形成"双峰",说明在低应力水平下,花岗岩、砂岩能够产生较高的电势,而大理岩则不能。其中,花岗岩和砂岩是公认的富石英岩石,而大理岩不含石英。因此,这里不能忽略一个机制——岩石的压电效应。虽然有部分学者认为岩石中石英晶体的轴向是随机的,但是每一个晶体的压电存在相互抵消的可能[112]。

压电晶体可以定义为变形时带电的晶体,也可以定义为电场作用下变形的晶体。晶体表面产生的电极性是由压缩、拉伸或剪切的变形方式决定的。描述岩石样品中压电效应的基本方程如下:

$$D_p = dS + \varepsilon_p^S E \tag{2-7}$$

$$\varepsilon = \frac{1}{C^E}S + dE \qquad (2\text{-}8)$$

式中,D_p 为压电极化;d 为压电常数;S 为应力;ε_p 为介电常数;E 为电场;ε 为应变;C 为弹性常数。

由式(2-7)可知,当应变为零时,电极化与所增加的应力梯度成正比。

在试验过程中,应力加载速率恒定,因此 dS 为常数,而根据式(2-7)和式(2-8)可知,电场强度与 dE 成正比。如图 2-15 和图 2-16 所示,由于张双楼煤矿顶板砂岩的变化规律一致,所以这里仅展示花岗岩、任楼煤矿顶板砂岩在 1 kN/s 时的变化规律。

从图 2-15 和图 2-16 可以看出,在加载的初始阶段以及岩石破裂失效阶段,应变变化最大,也表现出"双峰"特性,与花岗岩和砂岩的变化规律一致。根据岩石的力学特性可知,在初始阶段和岩石破裂失效阶段,对应的是岩石受载过程中的压实和膨胀过程。因此,在压实和膨胀过程中,电位信号的变化越大,就会表现出"双峰"特性。而 PSC 在初始阶段没有出现瞬态变化的电流值,这与压电效应产生的是极化电荷有关,即在低应力阶段,晶体只是产生能表示出极性的束缚电荷,而不是自由移动的电荷,所以 PSC 不会出现瞬态变化。可以肯定的是,压电效应在电

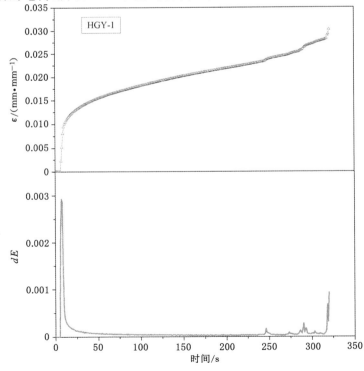

图 2-15 花岗岩 ε 和 dE 随时间的变化规律

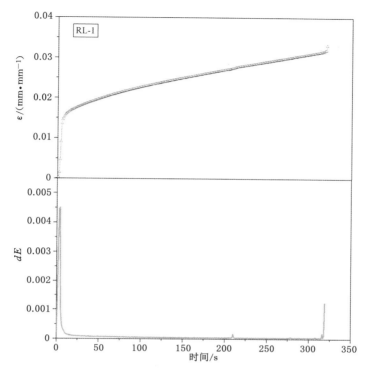

图 2-16　任楼煤矿顶板砂岩 ε 和 dE 随时间的变化规律

势形成过程中起到了关键性作用，而大理岩中不含石英，其在低应力水平时产生的电势较弱。

2.3　不同加载方式的力电特性

采煤工作面上覆各岩层由于岩层的厚度和岩性以及距煤层的距离不同，其应力变化和运动发展情况会有明显不同。因此，研究岩石样品在不同加载方式下的力电特性很有必要，本书仅阐述电压变化规律。

2.3.1　增量循环加载方式的电压变化规律

如前所述，花岗岩、大理岩和任楼煤矿顶板砂岩的抗压强度普遍超过 80 MPa，且以 90 MPa 左右居多，而张双楼煤矿顶板砂岩的抗压强度一般在 30 MPa 左右。因此，为了确保每种岩样能经历 4 个循环，在进行循环加载时，加载方式设置如下：花岗岩、大理岩和任楼煤矿顶板砂岩以 15 MPa 为一个循环，首先以 1 kN/s 的加载速率持续加载至 15 MPa，然后以 1 kN/s 的卸载速率至 0 MPa，再以 1 kN/s 的加载速率至 30 MPa 后，以 1 kN/s 的卸载速率至 15 MPa，

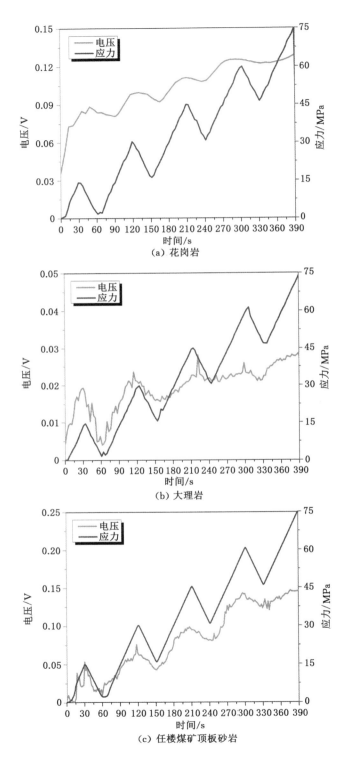

图 2-17　不同岩石增量循环加载下 PSV 的变化规律

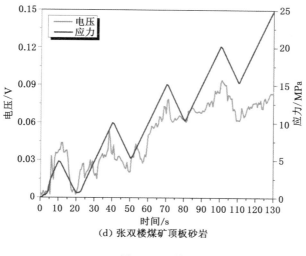

(d) 张双楼煤矿顶板砂岩

图 2-17　（续）

如此循环上升；而张双楼煤矿顶板砂岩则以 5 MPa 为一个循环。如图 2-17 所示，分别为花岗岩、大理岩、任楼煤矿顶板砂岩、张双楼煤矿顶板砂岩在增量循环加载情况下电压的变化规律，这 4 种岩样的 S_{max} 分别为 81 MPa、86 MPa、103 MPa、28 MPa。从图 2-17 可以看出，在增量循环加载方式下，岩石的 PSV 与循环载荷之间一一对应。在各循环加载阶段，PSV 的变化规律与荷载的变化规律基本一致。岩样在第一个循环加载阶段，花岗岩、大理岩、任楼煤矿顶板砂岩、张双楼煤矿顶板砂岩的 s 值分别为 0.185、0.174、0.146、0.179。岩样在第二个循环加载阶段，花岗岩、大理岩、任楼煤矿顶板砂岩、张双楼煤矿砂岩的 s 值分别为 0.37、0.378、0.292、0.357。此时岩样的变形破坏处于压密阶段，其内部原生和次生孔裂隙及岩石颗粒等发生变形和微破裂，并产生电压信号。其中，花岗岩、任楼煤矿顶板砂岩、张双楼煤矿顶板砂岩的 PSV 水平明显较大理岩高，这再一次证明了压电效应对 PSV 的贡献。随着载荷的增加，PSV 逐渐增大。岩样在卸载瞬间，PSV 常常出现瞬时增加现象，然后随着载荷的降低而逐渐减小；与此同时，随着载荷的降低，导致试样内部微裂纹基本不再继续扩展，部分闭合裂纹张开。然而，岩样在第二个循环加载阶段，当加载的应力水平低于首次加载的最大应力值时，PSV 较微弱；当载荷临近或达到先期最大载荷时，PSV 开始出现明显的连续增加现象，表现出记忆效应。

岩样在第三个循环加载过程中，各种岩样的 s 值分别在 0.556、0.523、0.437、0.536 以下，岩体处于线弹性变形阶段，PSV 在总体变化趋势上表现出随着载荷的增大而增大的规律；与此同时，PSV 在循环加载和卸载过程中表现出记忆效应,各循环加载阶段的峰值对应于 PSV 的峰值。岩样在第四个循环加载过程中,各种岩样的 s 值分别在 0.741、0.698、0.582、0.714 以下,此时岩石的变形破坏进入非线弹性变形阶段,变形开始加速,岩体中产生大量微裂纹的汇合、贯通。当施加的应力低于先期最大应力时,不仅能够产生较高水平的 PSV,而且随着加载应力水平的缓慢增大,PSV 继续增大,说明此阶段岩石的 PSV 已经失去记忆效应。

因此,岩样增量循环加卸载 PSV 记忆效应试验结果表明,岩石的变形破坏 PSV 记忆效应取决于前期加载所达到的最高应力水平。当 s 值小于 0.6 时,岩石处于压密和线弹性变形阶段,岩石卸载后可完全恢复;当 s 值大于 0.6 时,应力-应变曲线偏离线性,出现塑性变形,记忆效应会减弱,此时微裂隙数量增多,损伤程度加剧,表明岩石的破坏已经开始;当 s 值超过 0.7 时,记忆效应即将消失,其决定因素取决于岩石的屈服应力。因此,岩石损伤破坏过程的不可逆性决定了 PSV 产生的不可逆性。

2.3.2 分级加载方式的电压变化规律

与循环增量加载方式一样,为确保每种岩样能经历 4 个分级加载,在进行分级加载时,加载方式设置如下:花岗岩、大理岩和任楼煤矿顶板砂岩以 15 MPa 为一个循环,即以 1 kN/s 的加载速度持续加载至 15 MPa,然后保持载荷不变并持续 30 s,如此循环上升;另外,XZ 砂岩则以 5 MPa 为一个循环。如图 2-18 所示,分别为花岗岩、大理岩、任楼煤矿顶板砂岩、张双楼煤矿顶板砂岩在分级加载情况下 PSV 的变化规律,这 4 种岩样的 S_{max} 分别为 87 MPa、82 MPa、94 MPa、31 MPa。

从图 2-18 可以看出,在分级加载方式下,岩石的 PSV 与分级载荷之间存在良好的对应关系。在各分级加载阶段,PSV 变化规律与荷载变化规律基本一致。岩样在第一个循环加载阶段,随着应力的增大,PSV 增大,尤其是花岗岩和任楼煤矿顶板砂岩:在应力加载初期,PSV 即快速增加,这与单轴加载情况一致;而在应力保持阶段,PSV 没有保持不变,而是呈下降趋势——先快速下降,后缓慢降低,再逐渐衰减。在第二个分级加载阶段保持同样的规律,PSV 表现出弛豫现象,即在保持应力水平不变的情况下,PSV 从最大值逐渐地恢复到零的过程。试验中,应力保持时间为 30 s,如果应力保持得足够长,那么 PSV 将恢复到零的状态。岩样在第一分级加载阶段,花岗岩、大理岩、任楼煤矿顶板砂岩、张双楼煤矿顶板砂岩的 s 值分别在 0.185、0.174、0.146、0.179 以下。岩样在第二分级加载阶段,花岗岩、大理岩、任楼煤矿顶板砂岩、张双楼煤矿顶板砂岩的 s 值分别在 0.37、0.378、0.292、0.357 以下。此时岩样的变形破坏处于压密阶段,

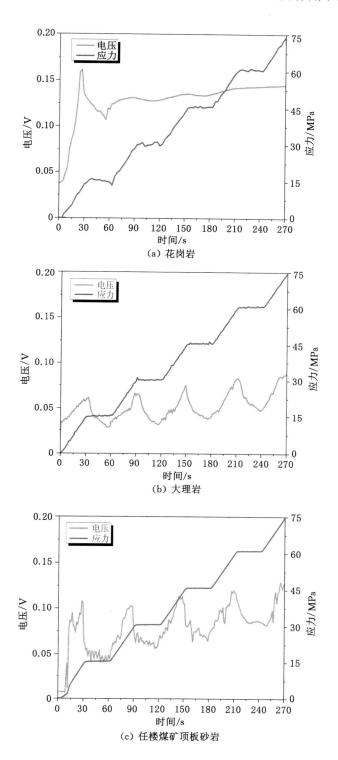

(a) 花岗岩

(b) 大理岩

(c) 任楼煤矿顶板砂岩

图 2-18 不同岩石分级加载下 PSV 的变化规律

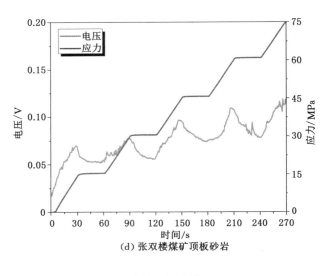

(d) 张双楼煤矿顶板砂岩

图 2-18 （续）

其内部原生和次生孔裂隙及岩石颗粒等发生变形和微破裂，并产生电压信号。岩样在第三个分级加载过程中，各种岩样的 s 值分别在 0.556、0.523、0.437、0.536 以下，岩体处于线弹性变形阶段，PSV 在总体变化趋势上表现出随着载荷的增大而增大的规律，此时 PSV 在分级加载过程中表现出弛豫现象；各分级加载阶段的峰值对应于 PSV 的峰值。岩样在第四分级加载过程中，各种岩样的 s 值分别在 0.741、0.698、0.582、0.714 以下，此时岩石的变形破坏进入非线弹性变形阶段，变形开始加速，岩体中产生大量微裂纹并汇合、贯通。当应力水平增加时，就会产生较高水平的 PSV，随着加载应力水平的缓慢增大，PSV 继续增大，但在应力保持阶段，此时 PSV 下降速度明显低于之前 3 个阶段。因此，当岩石进入塑性破坏阶段时，岩样的弛豫时间将更长。

实际上，在循环加载阶段，岩样卸载时 PSV 并没有瞬间减少或恢复到零，这就是岩样 PSV 的弛豫现象。从力学的观点来看，这种电弛豫相当于微裂纹的部分闭合，更确切地说，相当于裂纹边缘的无穷小方法，这种方法建立了新的平衡态。除了这些带电粒子运动外，由于应力仍然存在，岩样还会以极低的速率产生持续的应变。少数新的微裂纹不断出现，产生新的静电荷和电位，导致 PSV 保持在相对较高的值，使得岩样的 PSV 不会直接降到零或背景噪声水平。

因此，在采煤工作面开采过程中，由于工作面的倾向切割和走向推进，使得煤矿顶板砂岩出现应力集中循环加载情况。当应力集中未超过屈服应力时，岩石可实现完全恢复。

2.4 不同岩石的力电耦合特征

岩石包含多种化学矿物,其内部含有大量自然形成的不规则孔隙。由于受到外界环境等多种因素的综合影响,对于不同种类、不同地点的岩石,其物理化学性质差异较大,因此不同的岩石受载破坏过程及形态特征也不同,其产生的PSC、PSV 也不同。由实验室研究报道可知,岩石样品在变形破碎时都经历了内部微裂隙贯通发展成宏观破断的过程,因此可以对其过程进行理论分析,得出不同岩石的力电响应特征。

2.4.1 岩石受载的力电耦合模型

从微观角度来说,岩石材料受载产生的变形破坏符合统计损伤规律的。将统计方法应用于微观的损伤破坏,可以表达岩石的强度特性,也可以表达岩石破坏的过程和结果。因此,根据 PSC、PSV 的产生过程与岩石的损伤破坏,可以得到电荷与加载应力之间的耦合关系。

（1）岩石材料损伤本构关系

根据罗伯特诺韦（Robotnov）提出的损伤变量 D 的概念,当岩石在应力作用下内部出现新的孔隙时,失去承载能力的面积与材料初始面积之比可以用损伤变量 D 表示:

$$D = \frac{A_0}{A} \tag{2-9}$$

式中,A_0 为材料受损后的损伤面积;A 为材料最初状态下的横截面积。D 在 $[0,1]$ 范围取值,表示不同的损伤状态。

定义 $\sigma = S/A$ 为受载岩石横截面的名义应力。根据式（2-9）可得:

$$\sigma_0 = \frac{\sigma}{1-D} \tag{2-10}$$

式中,σ_0 为有效应力。

而根据勒梅特（Lemaitre）应变等价原理可得:

$$\varepsilon = \frac{\sigma_0}{E} = \frac{\sigma}{(1-D)E} \tag{2-11}$$

$$\sigma = E_1 \varepsilon (1-D) \tag{2-12}$$

式中,E_1 为材料的初始弹性模量;ε 为应变。

材料内微元体破坏的概率密度和损伤变量 D 之间的关系如下:

$$\frac{\mathrm{d}D}{\mathrm{d}\varepsilon} = \varphi(\varepsilon) \tag{2-13}$$

积分可得应变 ε 和损伤变量 D 的关系:

$$D = \int_0^\varepsilon \varphi(x)\mathrm{d}x = \frac{m}{\varepsilon_0^m}\int_0^\varepsilon x^{m-1}\exp\left(-\frac{x}{\varepsilon_0}\right)^m \mathrm{d}x \tag{2-14}$$

当 D 的初始值为 0 时,由式(2-14)可得:

$$D = 1 - \exp\left(-\frac{\varepsilon}{\varepsilon_0}\right)^m \tag{2-15}$$

根据式(2-15)可知,非均质岩石材料的本构关系为:

$$\sigma = E\varepsilon(1-D) = E\varepsilon \cdot \exp\left(-\frac{\varepsilon}{\varepsilon_0}\right)^m \tag{2-16}$$

根据前人的试验研究和理论分析可知,岩石受载过程中产生的自由电荷是材料内部在应力作用下发生损伤的结果,即:

$$Q_i \propto D_i \tag{2-17}$$

式中,Q_i 为岩石破裂时产生的瞬变电荷量;D_i 为统计损伤程度。

假设 Q_m 为岩石材料完全破坏时的瞬变电荷量,当岩石材料内损伤的面积为 A_0 时产生的表面瞬变电荷量为 Q,则:

$$D = \frac{Q}{Q_m} \tag{2-18}$$

2.4.2　加载速率对岩石电特性的影响

加载速率是影响试样强度、弹性模量以及煤体破坏速率(裂纹扩展速率)的一个重要参量。不同的加载速率下,岩体表现出不同的力学特性:在加载速率下煤体多表现为脆性;在极缓慢加载条件下,如研究岩体的蠕变特征时,煤体则表现出流变特性。

研究表明,通过累积电信号可以评估岩石表面电荷的产生特性,但不同加载速率下,岩石强度则不同,岩石从加载到破坏持续的时间也不同;另外,由于仪器误差,相同采集频率下的采集次数也不同,并且岩样的个体差异较大,即使同一种岩样,也存在较大的差异。因此,累积电信号并不能代表不同强度、不同岩样的产电能力。通过平均电荷产生速率 C_A 和岩样破裂时的峰值电流 C_{peak} 或峰值电压 V_{peak} 来评估岩样的产电能力。其中,平均电荷产生速率 C_A 用累积电流 C 值与累积采集次数的商表示,即:

$$C_A = \frac{\sum C}{N} \tag{2-19}$$

式中,N 为放电过程中累积采集次数。通过计算可以得到各个岩样的 C_A,其中峰值电流 C_{peak} 或峰值电压 V_{peak} 表示岩石破裂时的瞬间产电能力。

图 2-19 为不同岩样在不同加载速率下的平均电荷产生速率变化规律。由图 2-19 可以看出,在较低加载速率情况下,各岩样的平均电荷产生速率均较低;在高加载速率下,各岩样的平均电荷产生速率均大幅提升,即产电能力有较大提高。从整体来看,岩石样品的平均电荷产生速率随着加载速率的增加而增大,岩样从加载到破坏的电荷产生速率与加载速率(结构损伤扩展速率)有着直接的关系。对加载速率和平均电荷产生速率进行相关性分析可知,花岗岩、大理岩、任楼煤矿顶板砂岩、张双楼煤矿顶板砂岩在置信区间为 95% 的条件下的皮尔逊(Pearson)相关性系数分别为 0.949、0.960、0.938、0.912。P 值分别为 0.051、0.040、0.062、0.088,相关性分别为比较显著、显著、比较显著、比较显著。因此,加载速率在一定程度上决定着岩石的平均电荷产生速率。在连续加载的条件下,加载速率越大,载荷越大,岩样裂纹扩展速率越快,分离面上的电子能级越高,越易逃逸成自由电荷形成电流,电流信号则越强。另外,随着加载速率的增大,单位时间内产生的自由电荷数量越多,而相同时间内因试件导电而消退的电荷相对较少,自由电荷出现盈余越多,因而宏观上观测到的电流值也越高。

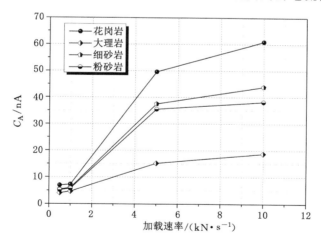

图 2-19　不同加载速率下的平均电荷产生速率变化规律

图 2-20 和图 2-21 分别为不同加载速率下各岩石样品的峰值电流曲线和峰值电压曲线。从图 2-20 和图 2-21 可以看出,岩样的峰值电流和峰值电压与加载速率表现的规律并不一致,在峰值电流上,各岩样的的峰值电流并不是随加载速率的增大而增大;而同一种类岩样的峰值电压却没有表现出类似的规律。因此,加载速率不是岩石破坏瞬间形成的电流、电压的决定性因素。在同一种类岩样

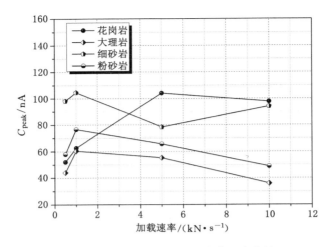

图 2-20　不同加载速率下的峰值电流曲线

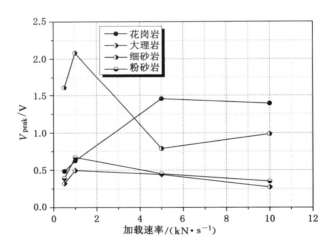

图 2-21　不同加载速率下的峰值电压曲线

中,峰值电流、峰值电压较低的,往往其抗压强度较低。

　　综上所述,由于加载速率可以决定岩样微裂隙的形成速率,因此其产生自由电荷的速率也就也快。尽管不同岩样的平均电荷释放速率不同,但是对于同一种岩样来说,加载速率越大,岩样的平均电荷产生速率就越大。可以推断的是,加载速率是岩样自由电荷平均释放速率的决定性因素,尤其是高加载速率,其载荷的冲击作用促使大量岩样内部微裂隙的形成和沟通。而在岩样破坏瞬间形成的峰值电流和电压,与加载速率的大小并不呈线性关系,这与岩样的抗压强度有关。因此,C_A 与加载速率有关,而 C_{peak} 和 V_{peak} 与加载速率不相关。

2.4.3 岩石抗压强度对岩石电特性的影响

岩石试样在单轴加载下所能承受的最大压力称为单轴抗压强度(抗压强度)。岩石的抗压强度是反映岩石性质的一个基本力学指标。图 2-22 为各岩样在不同抗压强度下峰值电流和平均电荷释放速率的变化规律。因为峰值电压的变化规律和峰值电流的变化规律一致,后文不再赘述。

由图 2-22 可知,同一岩样破坏时的峰值电流随着抗压强度的增大而增大,这里因为没有统一加载速率,所以不能排除加载速率对峰值电流的影响。对各个岩样的抗压强度和峰值电流进行相关性分析,花岗岩、大理岩、任楼煤矿顶板砂岩、张双楼煤矿顶板砂岩在置信区间为 95% 的条件下的 Pearson 相关性系数分别为 0.880、0.967、0.954、0.962。P 值分别为 0.120、0.033、0.046、0.038,除花岗岩的 P 值大于 0.1 以外,其他三种岩样的 P 值均小于 0.05,都是显著相关

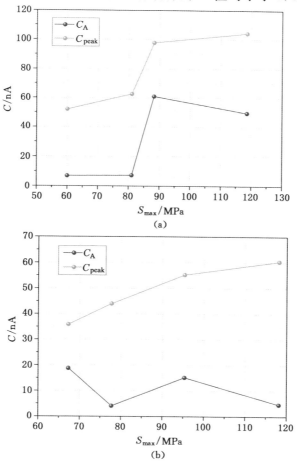

图 2-22　岩样极限抗压强度与峰值电流、平均电荷释放速率的变化规律

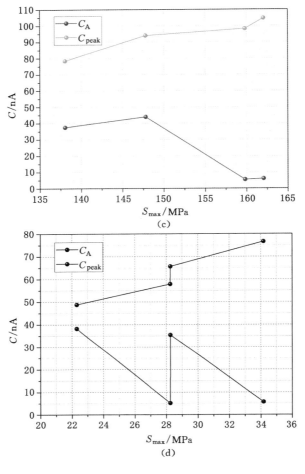

图 2-22 （续）

的。而对不同岩性的抗压强度和峰值电流进行相关性分析,可得 $P=0.006<0.01$,其相关性非常显著。因此,抗压强度是岩石破裂时产生峰值电流和峰值电压的关键性因素,而平均电荷释放速率与抗压强度没有明显的关系。根据 2.4.2 小节的分析可知,平均电荷产生速率只与加载速率有关。岩石抗压强度越大,其赋予岩样单元的材料力学参数之间的差别也越小。在单轴加载过程中,随着不同的加载速率,对应产生不同量的微裂纹,但抗压强度大的岩石其微裂纹的沟通较少。尤其是 RL 砂岩,其胶结物使其结晶粒子周边产生的微裂纹不易形成弱面,因而电荷的平均产生速率不受强度的影响,而在达到抗压强度时,抗压强度大的岩样产生了更多的微裂纹。在煤体破裂时,大量的微裂隙瞬间沟通,从而形成更强的、突变的峰值电流和峰值电压。因此,抗压强度是岩石破裂时产生峰值电流和峰值电压的关键性因素,而这将成为顶板砂岩破裂时能否点燃瓦

斯的关键因素。

2.4.4　不同岩石种类对岩石电特性的影响

对于岩石受载压缩试验过程中出现的带电现象,大量学者用矿物的压电效应来解释,但这种解释并不能解释所有现象,如利用压电性估算的岩石带电量与实际测试不同,这种估算往往低于实测的带电量。Kuksenko 等[122]对大理岩加载试验也测得了感应电荷,且在突然加卸载时电荷会急剧增加,这种现象用矿物的压电效应无法解释,说明大理岩产生的感应电荷并不是矿物压电效应。

Freund 等[125,127-138]对不同种类的岩石做了受载带电的试验,认为岩石受压带电不能简单地认为是由矿物的压电效应引起的,但试验结果显示与岩石的成分结构有关。

从图 2-20 至图 2-22 可知,4 种岩石在不同加载速率下,岩样的加载速率和抗压强度对岩石的产电特性的影响是一致的。但是,大理岩在不同加载速率下,C_A、C_{peak}、V_{peak} 均较花岗岩和砂岩的小,有的甚至少一个数量级。从图 2-20 可以看出,就平均电荷释放速率而言,不同加载速率情况下,花岗岩的整体 C_A 较其他三种岩样要高,RL 砂岩和 XZ 砂岩相差不大,大理岩最小。在抗压强度方面,RL 砂岩整体较其他 3 种岩石要高,花岗岩和大理岩相差不大,XZ 砂岩最弱(可能与其层理方向与加载方向存在一定夹角有关)。在此情况下,RL 砂岩、XZ 砂岩、花岗岩的 C_A 和 C_{peak} 仍整体高于大理岩,它们的差别在于是否含有石英。因此,岩石的石英含量(压电效应)在岩石产电特性方面产生了积极的作用,并且压电效应增强了含石英岩石的力电敏感性,表现出更强的电特征。

2.5　本章小结

本章通过构建力电试验系统全面分析了不同岩性岩石在低加载速率和高加载速率以及不同加载方式(单轴加载、循环加载、分级加载)下产生的电压、电流变化规律,研究了加载速率、加载方式、岩石抗压强度、岩性等对不同岩石产电特性的影响。主要研究结论如下:

(1) PSC 曲线在低加载速率和高加载速率下表现出来的规律不一致。在低加载速率情况下,加载初期 PSC 在较低水平保持不变或者缓慢增长,且波动频率较低,当 $t = t_d$ 时,PSC 实现类似指数增加,直至岩样破裂。在高加载速率下,PSC 随着应力变换总共经历 3 个阶段,分别为快速增长阶段、平缓阶段和突变阶段。尽管加载速率是恒定的,但 PSC 的变化是由于杨氏弹性模量的变化引起的。

(2)岩样破坏时产生的电压与所受应力有较好的一致性,而电压的变化反映了岩石的受力及破坏状态。花岗岩和砂岩的 PSV 在恒定加载速率情况下,在加载初期及岩样塑性破裂时期出现两个波峰,电压呈现瞬间突变状态。其应力应变的变化曲线表明,岩样的压电效应在电势形成过程中起到了关键性作用。

(3)在增量循环加载中,不同岩样在载荷临近或达到先期最大载荷时,PSV 开始出现明显的连续突增现象,表现出记忆效应。在分级加载中,各岩样表现出弛豫现象。

(4)加载速率越大,岩样的平均电荷释放速率就越大。因此,加载速率是岩样自由电荷释放速率的决定性因素。在岩样破坏瞬间形成的峰值电流和电压,与加载速率的大小并不成比例,这些与岩样的抗压强度有关。压电效应增强了含石英岩石的力电敏感性,表现出更强的电特征。

3 煤矿顶板砂岩力电特性的微观影响机制

岩石的宏观力学性质是由各矿物成分的分布组成及其微观力学性质决定的。因此,在研究岩石的宏观力学性质时,考虑微观结构和各矿物的微观力学性质是非常有效的途径。岩石外部环境的扰动和地质成因的不同,造成不同岩石在细观结构和矿物成分上的差异。岩石细观组成与结构是决定岩石宏观性质的内在因素,其组成矿物及微观结构的变化将影响岩石的物理力学性质,从而影响岩石的力电效应。只有从细观角度研究岩石内部微观构造变化,才能合理地解释岩石宏观力电性质,从而得到产电特性的微观机理,预防顶板砂岩电效应点火的危害。

3.1 矿物成分对力电特性的影响

3.1.1 X射线衍射分析试验

X射线衍射分析是鉴定岩石矿物最重要的方法之一,也是分析、鉴定和测量岩石相组成成分的基本方法。每种物质都具有独一无二的晶胞尺寸、晶体结构类型、晶面间距、晶胞中的原子数目及位置等,在进行 X 射线衍射分析时可以得到特有的衍射花样。X 射线衍射利用多晶物质衍射花样上各线条的角度位置来确定晶面间距 d 值以及它们的相对强度 I/I_{max}(I_{max} 为最强线的强度)。布拉格公式反映了晶体对 X 射线衍射效应的关系,即:

$$2d \cdot \sin \theta = n\lambda \tag{3-1}$$

式中,d 为晶面间距;θ 为半衍射角;λ 为波长。

X 射线衍射试验在中国矿业大学现代分析与计算中心完成,试验设备为德国 Bruker 公司设计生产的 D8 Advance 型粉末晶体 X 射线衍射仪,如图 3-1 所示。测量精度:角度重现性±0.000 1°;测角仪半径≥200 mm,测角圆直径可连续改变;最小步长为 0.000 1°;角度范围(2θ):-110°～168°;温度范围:室温至 1 200 ℃;最大输出功率:3 kW;稳定性:±0.01%;管电压:20～60 kV(1 kV/1 step);管电流:10～60 mA。

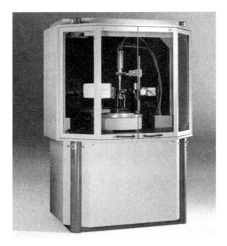

图 3-1　X 射线衍射仪

　　本次试验采用粉末样品测试,为降低水分对测试造成的干扰,对岩样均做干燥处理。试验样品分别来自山东烟台市的花岗岩、云南大理市的大理岩、徐州张双楼煤矿顶板砂岩、安徽皖北煤电集团任楼煤矿顶板砂岩。取不同岩样的细粒岩块若干,用玛瑙研钵形成粉末状,过 325 目筛,均称取 1 g,设置 X 射线管的电压为 40 kV,电流为 40 mA,扫描方式为连续式步进扫描,步长为 0.016 7°。

3.1.2　物相组成及含量分析

　　通过 Jade 6 软件对衍射结果进行物相检索,图 3-2 为任楼煤矿砂岩、张双楼煤矿砂岩、花岗岩、大理岩的 X 射线衍射图谱。各样品粉末中不可避免地存在成分不均匀分布的情况,致使测得的各样品中矿物含量有所差异,衍射信息也存在离散性。不同样品中相应衍射峰所对应的衍射角 2θ 几乎相同;相对衍射强度 I/I_{max} 大致相等,存在一定的波动,但波动可能是样品成分不均所致。

　　从图 3-2 可知,花岗岩以石英和钠长石为主,含少量黑云母、斜绿泥石、铁锰钠闪石、绿泥石和三斜钠明矾。大理岩以白云石为主,又叫作白云岩,含少量钠镁闪石和钾钒。任楼煤矿顶板砂岩以石英、长石为主,含少量斜绿泥石、云母、珍珠石、高岭土、伊利石。张双楼煤矿砂岩以石英、长石为主、含少量方解石和高岭土和伊利石。需要说明的是,不同地域、不同地层年代的花岗岩和大理岩矿物成分、含量均不同,试验所用花岗岩和大理岩仅与煤矿顶板砂岩对比分析。

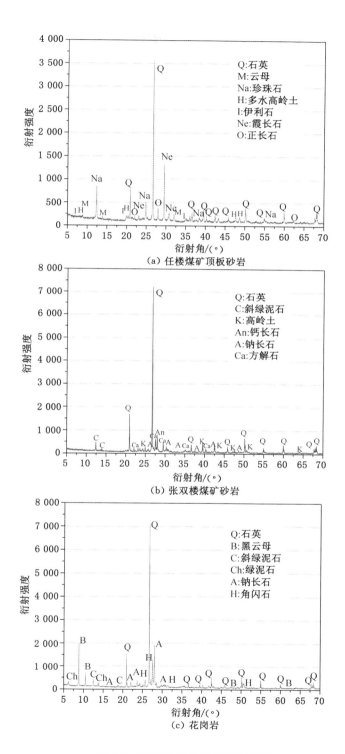

图 3-2 不同岩样的 X 射线衍射图

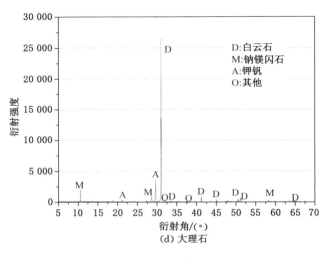

图 3-2 （续）

运用软件自带的 Easy Quanlititative 功能，可以对岩样进行物相质量分数计算，如图 3-3 所示。需要说明的是，软件中自带的这个功能虽然能计算相对含量，但却不是十分精确的。

花岗岩是一种岩浆岩，其石英含量是各种岩浆岩中最多的。如图 3-3 所示，花岗岩中石英(SiO_2)含量占 42.4%，角闪石占 26.3%，黑云母占 18.5%。石英和角闪石两种含量较高，长石含量相对较小。资料表明，石英、闪石、长石等矿物自身强度高，且有很强的抗压能力，以它们为主要成分的花岗岩一般具有很高的力学强度。而绿泥石、云母等矿物强度低，特别是云母抗压能力较低，它们的存在对花岗岩的力学性能将产生不利影响。可以认为，在岩石受力过程中，黑云母较集中的部位，因其力学强度低，会成为受力薄弱点，使岩石在该部位率先遭到破坏。

大理岩是一种变质岩。由图 3-3 可知，大理岩中白云石[$CaMg(CO_3)$]含量达到 94.3%，其次为少量的钠镁闪石（占 4.4%）和钾钒（占 1.3%）。白云石晶体属三方晶系的碳酸盐矿物。白云石的晶体结构与方解石类似，晶形为菱面体，多呈块状、粒状集合体。大理岩属于碳酸盐，因其不具有压电结构，所以也就不具备压电效应。

砂岩是一种沉积岩，由各种砂粒胶结而成。从图 3-3 可以看出，任楼煤矿顶板砂岩和张双楼煤矿顶板砂岩中石英含量都较高，分别为 63.3% 和 51.4%，构成了砂岩的基本骨架结构。任楼煤矿顶板砂岩中长石（$Na_2O \cdot Al_2O_3 \cdot 6SiO_2$）含量占 28.7%，还含有少量的云母。其中，云母属于铝硅酸盐矿物，具有连续层状硅氧四面体构造，主成分是 SiO_2，具有较强的抗压能力。而其他物质主要为

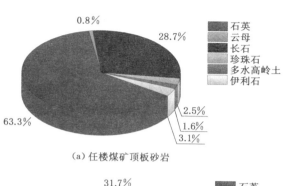

（a）任楼煤矿顶板砂岩

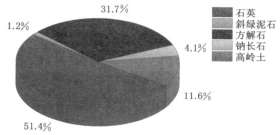

（b）张双楼煤矿顶板砂岩

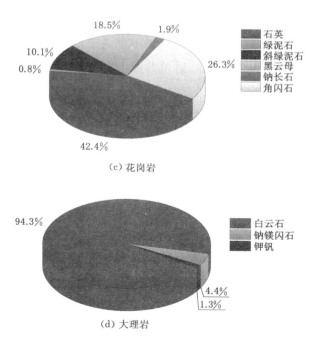

（c）花岗岩

（d）大理岩

图 3-3　各岩样矿物的主要成分及含量

伊利石、绿泥石、高岭石等矿物,其中伊利石、高岭石等硅质矿物主要起到胶结作用。现场调研发现,煤矿顶板砂岩颜色显示为深灰色或浅绿色的砂岩,往往硬度很大,这是因为硅质胶结物较为致密。而张双楼煤矿顶板砂岩虽然石英含量很高,其胶结物主要是方解石等钙质胶结物。研究表明,砂岩中硅质胶结的强度要远大于钙质胶结。显然,任楼煤矿顶板砂岩中石英和长石含量较张双楼煤矿砂岩更多,石英含量较多,因而任楼煤矿顶板砂岩成熟度较张双楼煤矿顶板砂岩高。当砂岩成熟度高时,物性相对变好。

3.1.3 晶粒大小分析

岩体的变形、强度和破坏主要受结构面和结构面之间完整岩块的控制。矿物晶粒和其界面等缺陷构成了完整岩块,因而晶粒尺寸能够影响岩石的力学性质与其破坏行为。

衍射峰的面积可以近似等于峰高乘以 1/2 高度处的宽度。这个半高处的高度称为“半高宽”,英文缩写是 FWHM。如果采用的试验条件完全一样,那么测量不同样品在相同衍射角的衍射峰的 FWHM 应当是相同的。这种由试验条件决定的衍射峰宽度称为“仪器宽度”。可用谢乐方程来计算晶粒的大小,即:

$$L_{\text{Size}} = \frac{K\lambda}{\text{FW(S)} \cdot \cos\theta} \tag{3-2}$$

式中,L_{Size} 为晶粒尺寸,nm;K 为常数,一般取 $K=1$;λ 为 X 射线的波长,nm;FW(S)为试样宽化,rad;θ 为衍射角,(°)。

通过 Jade 6 软件可以分析 FWHM 曲线,并得到晶粒大小。表 3-1 为各岩样衍射角对应的晶粒粒径分布。

表 3-1　各岩样衍射角对应的晶粒粒径分布

花岗岩		大理岩		张双楼煤矿顶板砂岩		任楼煤矿顶板砂岩	
衍射角 $2\theta/(°)$	晶粒大小 /nm	衍射角 $2\theta/(°)$	晶粒大小 /nm	衍射角 $2\theta/(°)$	晶粒大小 /nm	衍射角 $2\theta/(°)$	晶粒大小 /nm
6.247	122.398 5	10.580	150.529 5	12.362	97.445 54	12.416	124.858 5
8.811	165.992 2	18.712	175.025 8	20.872	100.971 3	20.907	139.278 6
10.502	139.957 2	21.175	152.484 3	24.876	96.845 41	22.098	120.807 7
12.469	190.270 1	23.165	142.266 9	26.651	106.024 5	23.129	124.749 1
13.891	142.907 3	24.134	176.599 6	27.945	107.714 5	23.631	86.340 91
20.880	192.328 8	27.290	157.207 9	29.493	109.528 8	24.340	72.560 00
21.982	99.907 69	28.612	178.224 2	30.773	56.050 34	24.952	92.456 89

表 3-1(续)

花岗岩		大理岩		张双楼煤矿顶板砂岩		任楼煤矿顶板砂岩	
衍射角 $2\theta/(°)$	晶粒大小 /nm	衍射角 $2\theta/(°)$	晶粒大小 /nm	衍射角 $2\theta/(°)$	晶粒大小 /nm	衍射角 $2\theta/(°)$	晶粒大小 /nm
23.634	109.676 9	29.657	91.308 51	32.010	99.571 47	25.723	72.754 65
24.339	100.329 7	31.022	175.411 7	35.000	56.663 96	26.694	138.383 2
25.678	100.590 0	33.595	159.579 8	36.048	56.830 21	27.519	138.623 6
26.671	177.483 1	35.378	181.267 8	36.553	110.080 5	27.984	138.762 6
27.563	100.982 3	36.125	109.945 7	38.395	57.223 54	29.481	114.089 4
28.028	101.083 7	37.419	174.735 2	39.485	98.141 81	35.080	126.233 9
36.550	170.735 6	39.678	93.836 80	40.303	109.897 3	36.087	74.597 92
39.466	145.512 0	41.188	180.561 6	40.979	108.725 6	36.599	130.737 9
40.317	165.930 8	44.991	179.132 0	42.446	83.549 62	38.602	86.774 93
41.821	104.989 8	47.870	96.572 19	43.280	101.743 4	39.519	120.587 1
42.472	198.204 9	48.850	96.943 73	45.791	110.557 4	40.344	120.902 9
45.828	146.180 5	49.332	140.995 4	47.673	59.080 83	42.493	146.955 5
50.163	186.620 3	50.567	190.993 6	48.655	59.307 56	45.847	116.557 5
50.649	122.065 0	51.110	127.616 1	50.147	115.402 4	47.230	77.411 95
51.367	108.827 0	58.190	189.401 4	54.885	117.780 8	47.634	81.920 54
52.599	109.398 9	58.950	186.227 5	59.959	97.565 35	48.596	140.583 6
54.907	194.613 8	59.863	199.276 4	67.738	73.034 85	50.190	127.132 2
59.983	203.827 8	63.501	111.216 2	68.145	126.190 6	50.714	78.491 41
67.741	159.462 2	64.537	154.018 1	68.311	65.305 47	54.899	119.358 8
68.350	135.241 2	65.192	159.818 5			59.995	143.325 1
		66.069	116.986 9			64.093	83.680 78
		67.451	170.563 2			67.737	85.424 19
						68.373	85.744 92

　　通过对各个岩样的所有衍射峰对应的晶粒大小求平均值,可得到花岗岩、大理岩、任楼煤矿顶板砂岩、张双楼煤矿顶板砂岩的平均晶粒粒径分别为144.28 nm、152.37 nm、110.34 nm、91.59 nm。由此可知,大理岩的平均晶粒粒径最大,而任楼煤矿顶板砂岩平均晶粒粒径最小。仅分析石英晶粒粒径,可以找到石英矿物对应的衍射峰,可知花岗岩、任楼煤矿顶板砂岩、张双楼煤矿

顶板砂岩主峰对应的石英晶粒粒径分别为 177.48 nm、138.38 nm、106.02 nm。为了减小误差，可以计算平均晶粒粒径，可以得到花岗岩、任楼煤矿顶板砂岩、张双煤楼矿顶板砂岩的石英平均晶粒粒径分别为 169.42 nm、120.89 nm、94.95 nm。可以看出，无论是石英晶体的平均晶粒粒径，还是主峰晶粒粒径，花岗岩的石英晶体粒径都是最大，而张双楼煤矿顶板砂岩的石英晶体粒径最小。实际上，任楼煤矿顶板砂岩的抗压强度最大，这是因为相同加载条件的情况下，晶粒尺寸较粗且分布相对不均匀的花岗岩在加载过程中，岩样更容易出现张拉应力集中以及弹性应变能局部集聚现象。当局部弹性应变能超过岩样承载极限时，会引起岩样发生局部破坏，即岩样能量的耗散在时空分布上相对随机、分散，所以岩样发生破坏时倾向于发生动力破坏现象，抗压强度也就更低。而晶粒尺寸较细的任楼煤矿顶板砂岩随着荷载增高，岩样会逐渐向外鼓胀、折断、滑落，且破坏位置比较集中、连续。这是由于晶粒较细且分布相对均匀的顶板砂岩在加载过程中岩样内部的应力场分布相对均匀，不容易导致局部拉应力以及弹性应变能的集中。当荷载较高时，岩样内部容易产生大量的小破裂；当岩样内部的破裂相互贯通时，造成能量不断耗散，导致岩样发生烈度较轻的破坏，能够承受较高的压力，说明其抗压强度较高。而张双楼煤矿顶板砂岩因为其胶结物质强度较低，在石英颗粒较细的情况下，其抗压强度会更小。

3.1.4 石英含量及晶粒大小的力电特性影响

根据图 3-2 和图 3-3 中 X 射线衍射分析可知，花岗岩、煤矿顶板砂岩中都富含石英，而大理岩中不含石英。石英是一种物理性质和化学性质均十分稳定的矿物，硬度很大，石英是架状硅酸盐，为完全共价键结合晶体，在形变时会产生压电效应。由于这种效应是一种压力引起的介质极化效应，表现为与压力垂直方向的侧面上会同时出现符号相反的束缚电荷。

花岗岩中长石是架状结构的硅酸盐，其架状络阴离子由一系列硅氧配位四面体以共用角顶氧的方式连接而成，是共价性相当高的离子-共价键型结合晶体，存在对称中心，因而不具有压电效应。含量甚少的云母为离子-共键型结合的晶体，无压电效应。这种主要矿物为共价键和离子-共价键的多晶集合体决定了塑性形变在其中不易产生。花岗岩是一种硬度相当高的脆体，而脆体的一个重要特性就是不易产生塑性变形。煤矿顶板砂岩中的主要成分虽然是石英和长石，但颗粒之间有大量的胶结物，尤其是任楼煤矿顶板砂岩，其胶结物为硅质胶结物，且成熟度较高，在其承受压力时，能够产生较高的弹性形变，具有更高的抗压能力。

石英在整个加载过程中,除了其硬度和强度大、对岩样的强度和硬度均发挥重要作用外,还由于其具有压电性,所以石英会产生电效应。那么,石英含量在含石英岩石的电特性发挥的作用如何呢?本书第 2 章试验所用的岩样均是从一整块岩体加工而成的,因此 XRD 试验结果基本可以代表每种岩样的力电试验。以平均产电速率 C_A 表征岩石的平均产电能力,对于不同的石英含量,在不同加载速率下的产电特性如图 3-4 所示。这里大理岩的石英含量为零,花岗岩、任楼煤矿顶板砂岩、张双楼煤矿顶板砂岩的石英含量分别为 42.4%、63.3%、51.4%。

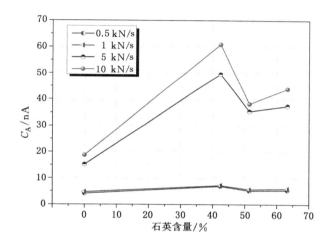

图 3-4　不同石英含量岩石的产电特性

从图 3-4 可以看出,石英含量并不能决定平均产电速率,不管是高加载速率,还是低加载速率,大理岩的平均产电速率都比其他 3 种含石英的岩石要低一些。花岗岩的石英含量较其他两种砂岩的石英含量低,不管是高加载速率,还是低加载速率,花岗岩的平均产电速率都比其他两种煤矿顶板砂岩要高一些。对比两种顶板砂岩的石英含量可知,任楼煤矿顶板砂岩石英含量比张双楼煤矿顶板砂岩石英含量高,其平均产电速率也更高。因此,在不同种类岩石中,岩石中所含石英对于岩石受压产电速率起到关键性作用,但不是决定性因素。

由此可知,并不是石英含量越高,产电特性就会越强烈。通过分析 3 种含石英的岩石晶粒大小对产电特性的影响可知,花岗岩、任楼煤矿顶板砂岩、张双楼煤矿顶板砂岩在不同加载速率下,其平均产电速率随石英晶体主峰晶粒粒径、平均晶粒粒径大小的变化曲线如图 3-5 所示。

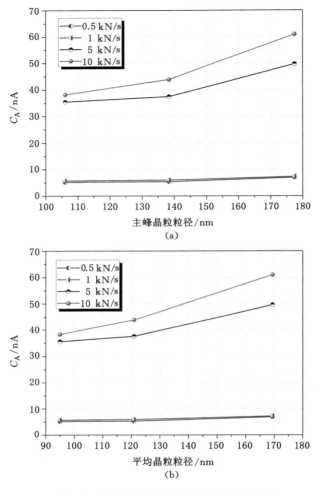

图 3-5　不同石英晶粒粒径的平均产电特性

　　从图 3-5 可以看出,在石英含量都较高的情况下,岩石受载的平均产电速率随着岩石中石英晶粒粒径的增大而增大,尤其是花岗岩,虽然其石英含量较砂岩低,但其平均产电速率均较高。石英晶粒粒径越大,说明其结晶化更好,受压时较大的颗粒产生的压电效应越显著。这些特性其实与岩石的形成有关,花岗岩属于岩浆岩,在结晶过程中受外界环境因素影响较少,而砂岩属于沉积岩,在母岩受风化、冰川作用过程后沉积而成,受外界温度、压力等因素影响较大,因而结晶较差,晶粒粒径也较小。由于其更加致密及抗压强度更大,对于破裂瞬间产生的峰值电流和电压,由于受抗压强度的影响,任楼煤矿顶板砂岩产生的峰值电流和电压要高于其他岩石。

3.2 细观结构对力电特性的影响

3.2.1 基于 SEM 的岩样微观特征

利用扫描电子显微镜,又称为扫描电镜(scanning electron microscope, SEM),可以有效地观测岩石的微观表征。扫描电镜试验是在中国矿业大学现代分析与计算中心完成的,试验设备为美国 FEI(原飞利浦电镜)公司设计并生产的 FEI Quanta™ 250,如图 3-6 所示。扫描电镜可以通过二次电子图像清晰地观察到纳米/微米矿物的表面形貌特征、微孔隙的形态及分布等。在开展扫描电镜试验前,首先将 4 种干燥岩样(花岗岩、大理岩、任楼煤矿顶板砂岩、张双楼顶板煤矿砂岩)加工成边长小于 1 cm 的块状立方体,送至实验室在喷金处理后进行试验。

图 3-6　扫描电子显微镜

下面借助扫描电镜对不同岩样在不同位置的表面结构、形态进行对比分析。图 3-7 为 4 种岩样分别在放大 1 000 倍、5 000 倍、10 000 倍情况下的扫描电镜结果。

根据图 3-7(a)和图 3-7(c)可知,花岗岩和任楼煤矿顶板砂岩的主要成分均为石英和长石。试样表面有大量的灰色区域,且其表面较为平滑,其矿物成分是长石;同时,试样表面还有大量不规则的柱状图,以及粒状的发亮发白区域,其矿物成分是石英。从图 3-7 可以看出,花岗岩的石英晶体更立体,颗粒更大,也更不规则,砂岩的石英呈片状晶粒,具有沉积岩特性,颗粒与胶结物紧密结合在一

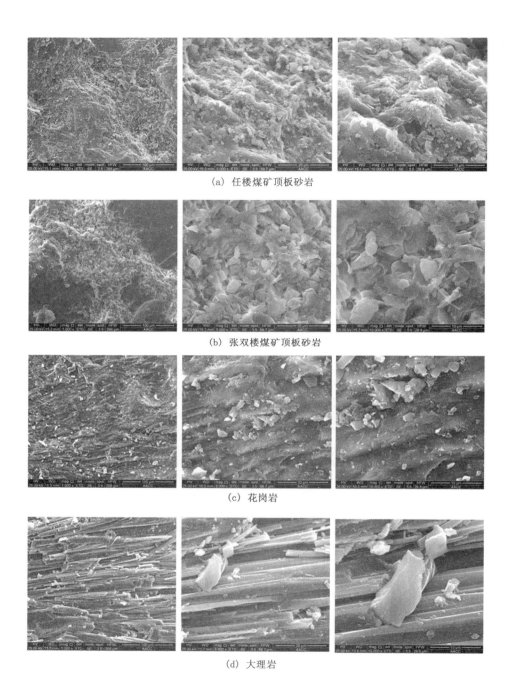

(a) 任楼煤矿顶板砂岩

(b) 张双楼煤矿顶板砂岩

(c) 花岗岩

(d) 大理岩

图 3-7　不同岩样在不同放大倍数下的 SEM 结果

起,抗压强度也就更大。由于石英的定向发育,煤矿顶板砂岩具有强烈层状晶格构造,而这种强烈发育的层状构造说明顶板砂岩具有强烈的各向异性特点,能够产生压电效应。

根据图 3-7(a)和图 3-7(c)可知,对于任楼煤矿顶板砂岩,颗粒较细、棱角不显著,呈基底式胶结,往往强度较高;反之,张双楼煤矿顶板砂岩,颗粒虽然较粗,但棱角显著,且大部分颗粒呈接触式胶结,其强度就比较低。也就是说,尽管张双楼煤矿顶板砂岩强度很低,但由于其较高的石英含量和较大的晶粒粒径,因而能够产生较强的电效应。

图 3-7(d)为大理岩的 SEM 结果。大理岩和其他两种岩石不同,属于变质岩,矿物微晶形态多呈不规则鳞片状无序堆积,矿物成分主要由白云石组成。从图 3-7 可以看出,白云石主要呈显微纤维状的短柱紧密交织在一起,因而其强度较大。

3.2.2　基于核磁共振的岩样孔隙结构对力电特性的影响

（1）测试原理

核磁共振（NMR）现象是基于岩石所含流体中的带电、自旋氢核在一个恒定磁场以及一个射频磁场的作用下的驰豫行为。饱水岩石样品在恒定磁场时,可以磁化流体中的氢核而出现一个磁化矢量,再施加射频场就会产生 NMR 现象。关闭射频场后,可以得到一个随时间呈指数函数衰减的信号,这个信号可以用 T_1（纵向驰豫时间）和 T_2（横向驰豫时间）描述。由于 T_2 检测速度快,在岩石 NMR 测试中往往采用 T_2 描述岩石信号衰减速度,如图 3-8 所示。这种检测方法快速、无损、信息量丰富,并且测量范围较广。

通过 T_2 可以得到岩样孔隙中的小孔、中孔、大孔及裂隙的分布情况,以及这些孔隙之间的连通性。T_2 和岩石孔径 γ 可表示为:

$$\frac{1}{T_2} = \rho \left(\frac{S_p}{V}\right) = F_s \frac{\rho}{\gamma} \tag{3-3}$$

式中,T_2 为表面弛豫时间,ms;ρ 为横向表面弛豫强度,μm/ms;S_p 为孔隙表面积,cm^2;V 为孔隙体积,cm^3;F_s 为孔隙形状因子（球状孔隙,$F_s=3$;柱状孔隙,$F_s=2$;裂隙,$F_s=1$);γ 为孔径。

在 0.1～10 000 ms 范围内,岩石的小孔、中孔和大孔-裂隙分别对应 $T_2<$ 10 ms,10 ms$<T_2<$100 ms 和 $T_2>$100 ms,T_2 分布的幅值可以反映孔的数目。因此,本研究通过 T_2 测量反映岩体孔隙结构的变化特征。

本书试验中所用的 NMR 为 MR-60 核磁成像分析仪,如图 3-9 所示。设备

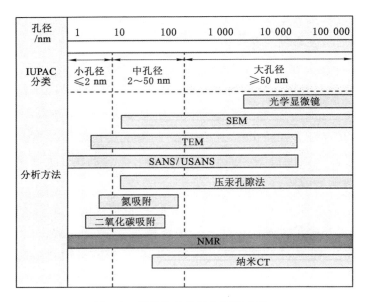

图 3-8　岩石孔隙分类及研究方法

主磁场为 0.51 T,H 质子共振频率为 21.7 MHz,射频脉冲频率为 1.0～49.9 MHz,磁体控温为 25～35 ℃,磁体均匀度为 12.0×10^{-6},射频功率为 300 W。该设备可通过测试煤样横向弛豫时间 T_2 分布曲线,从而定量分析煤样内部孔隙结构的变化。

图 3-9　核磁共振分析仪

（2）试验方案

这里试验所选样品与 2.2 节中的样品一样,属于同一批岩样,其规格为 ϕ50 mm×100 mm。测试系统主要包括 NMR 测试系统和力电测试系统。其中,NMR测试系统主要包括 MR-60 核磁成像分析仪、智能真空饱水机(NEL-VJH)、真空干燥箱(DHG-9023A)、水分离心机(TG16-WS)。

① 岩石试样制备完成后,首先利用波速测试剔除差异性较大的试样。试验前,测试人员应记录岩样的质量,随后将各个岩样置于真空饱水机中,如图 3-10 所示。调节真空饱水机的压力为 0.01 MPa 下抽真空 8 h,卸压后静置在蒸馏水中 8 h,确保岩样达到 100% 饱和水状态(S_{w1})。饱水操作完成后,再进行 NMR 测试。测试完成后,将岩样置于转速为 6 000 r/min 的离心机中 10 min,随后 60 ℃ 干燥 24 h,使岩样完全干燥。

图 3-10 智能真空饱水机

② 直接进行力电性能测试,加载速率设定为 1 kN/s,整个试验过程与 2.2 节一致。力电测试完成后,收集破碎岩石残块,将残块收集后称重,并且置于真空饱水机进行饱水操作(S_{w2}),最后进行核磁共振测试。

③ 测试目标为测试岩石在破碎前后的孔隙结构分布情况,由于岩样破碎后部分破碎岩体无法收集,且不方便核磁共振测试,因而在试验过程中只收集较大岩块进行称重,最终测试结果为残块岩样的 T_2 谱。另外,为了进行横向对比,提出单位质量 T_2 谱强度,假设受载破碎前质量为 1,破碎前 T_2 谱强度不变,破碎后单位质量 T_2' 谱强度可表示为:

$$T_2' = \frac{m_1}{m_2} T_2 \tag{3-4}$$

式中,m_1 和 m_2 分别为破碎后、破碎前岩石的质量。

试验系统及试验过程见图 3-11。

(3) T_2 谱分析

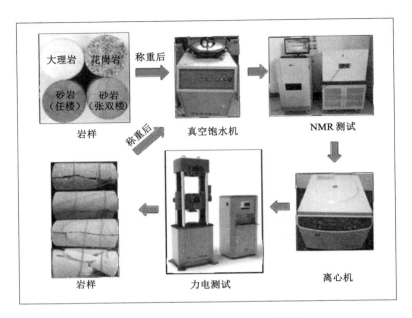

图 3-11   试验系统及试验过程示意图

T_2 谱图中峰值越靠近低 T_2 值表明岩石的孔径越小,峰的宽度可以表明某类孔隙的分布情况,峰的面积代表孔隙或裂隙的数量多少。

图 3-12 为不同岩样在破碎前和破碎后两种状态的 T_2 谱曲线。为了分析方便,以下分别用 P_1、P_2、P_3 代表岩石的小孔、中孔、大孔-裂隙 3 个峰。由图 3-12 可知,不同岩样的 T_2 谱差异明显。由图 3-12(a)和图 3-12(b)可以发现,两种顶板砂岩孔隙结构类似,T_2 谱呈现三峰结构,其中第 1 峰(P_1)最高,第 2 峰(P_2)次之,第 3 峰(P_3)最小,说明煤矿顶板砂岩中小孔发育较好,中孔次之,大孔不发育。两种砂岩的区别在于,任楼煤矿顶板砂岩的 P_1 峰更高,说明其小孔更发育,而 P_2 峰、P_3 峰更小,中大孔发育较差,这也与图 3-7 观测到的现象一致。此外,任楼煤矿顶板砂岩 P_1 峰与 P_2 峰之间不连续,属于孤立分布,因此相比于张双楼煤矿顶板砂岩,任楼煤矿顶板砂岩小孔与中孔的孔裂隙相互间连通性较差。做完力电试验后,煤矿顶板砂岩呈三峰分布,P_2 峰最高,P_1 峰、P_3 峰次之,说明此时孔隙集中分布在中孔区段,且中孔和大孔之间有很好的连续性。另外,煤矿顶板砂岩在受载破碎后小孔逐渐连通,发育成中孔,在岩体内发展成了微小裂隙。

由图 3-12(c)可知,花岗岩与煤矿顶板砂岩的初始孔隙结构不同,没有明显的三峰结构。P_1 峰较小,主要集中在 P_2 峰,说明花岗岩初始孔隙结构以中孔为主,有少量的小孔,且小孔和中孔的连通性很好。受载破碎后,T_2 谱呈现三峰

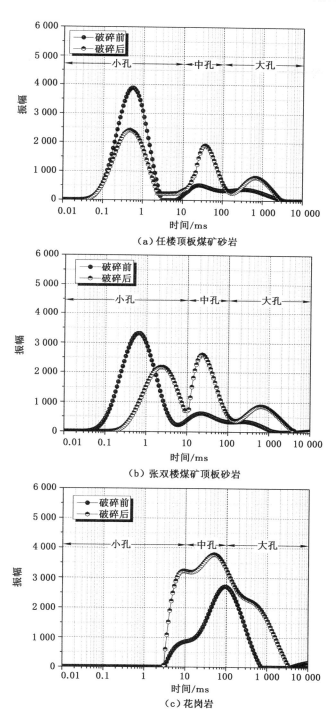

（a）任楼顶板煤矿砂岩

（b）张双楼煤矿顶板砂岩

（c）花岗岩

图 3-12 不同岩样的 T_2 谱

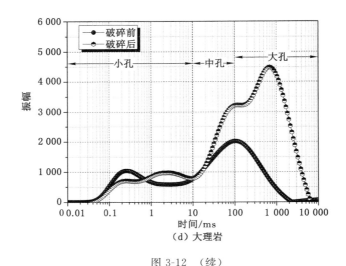

图 3-12 （续）

结构,此时 P_1 峰、P_2 峰、P_3 峰都有较大程度的提高,且三峰之间连通性很好,说明花岗岩受压后产生了更多的小孔,且部分小孔和中孔发展成了大孔和小裂隙。

由图 3-12(d)可知,大理岩的 T_2 谱集中在 P_1 峰和 P_2 峰,且 P_1 峰和 P_2 峰均较高,且峰面积较大,说明大理岩中存在大量小孔和中孔,且其连通性较好。而在大理岩破碎后,T_2 谱 P_1 峰右移,说明此时小孔有扩大趋势,同时 P_2 峰和 P_3 峰有较大提高,此时中孔和微小裂隙大量产生。

（4）孔隙结构对力电特性的影响

利用不同孔径孔隙 T_2 曲线与 X 轴之间图形的面积,可以表征不同岩样的初始孔隙孔径及岩石破碎后的孔隙孔径分布情况,如图 3-13 所示。花岗岩在受载破碎后,其孔隙结构发生了巨大变化,虽然根据 T_2 谱曲线可知,花岗岩破碎后其小孔、中孔、大孔的数量均有大幅增加,但是其破碎后的孔隙比例分布却不一样。由图 3-13(a)可知,破碎后,小孔比例增加,中孔和大孔的比例均有一定量的减少,说明花岗岩受载后小孔增加幅度较中孔和大孔要大一些。除了一部分原始小孔转换成中孔、大孔,还增加了大量的小孔,因为花岗岩是天然的非均匀材料,其内部的微孔洞、原生裂纹会形成局部的应力集中而产生小孔;同时,在岩石破坏的过程中,激活了更多的岩石的缺陷（位错、晶界）,因而其平均电荷释放速率及峰值电流、电压均较高。

图 3-13(b)为大理岩孔径分布的变化情况。通过分析可知,大理岩破碎后小孔、中孔所占的比例均下降,而大孔的比例大幅增加,说明大理岩在破碎过程

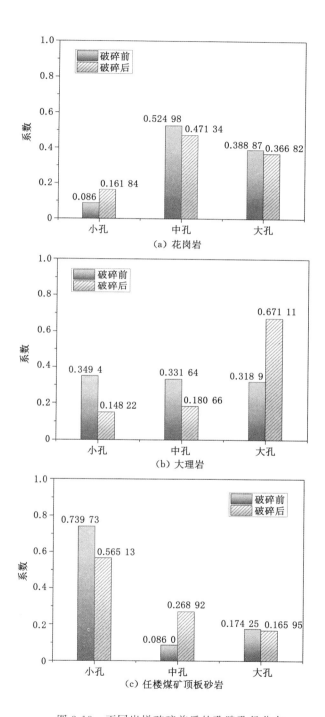

（a）花岗岩

（b）大理岩

（c）任楼煤矿顶板砂岩

图 3-13 不同岩样破碎前后的孔隙孔径分布

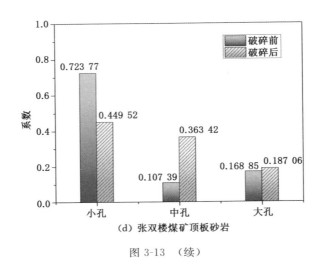

(d) 张双楼煤矿顶板砂岩

图 3-13　（续）

中,小孔大量转化成中孔、大孔,孔隙之间更容易沟通,而新生小孔比例则减小,因而其新产生电荷量也就更少,其产电特性也就更弱。

　　图 3-13(c)和图 3-13(d)为两种煤矿顶板砂岩孔隙比例的变化情况。显然,张双楼煤矿顶板砂岩中孔占主要部分,小孔所占比例大幅降低,而大孔不管是所占比例还是数量都有大幅增加,说明张双楼煤矿顶板砂岩小孔之间沟通显著,颗粒之间的胶结物在受载过程中成为孔径增大的主要原因。虽然其石英含量较高,但是晶界的结合力较弱,小孔隙转换成中大孔隙,因而其抗压强度更低。在力电测试试验中,其平均产电速率较高,但其峰值电压、电流较低。任楼煤矿顶板砂岩在破碎后,其小孔比例仍然较高。从图 3-12(a)可以看出,任楼煤矿顶板砂岩 T_2 谱的 P_1 峰更宽,说明其在小孔孔径分布更加宽广,小孔径虽有部分往中孔、大孔转换,但仍会有大量新生小孔产生,其过程可以吸收大量机械能,从而增加砂岩的抗压强度。因此,任楼煤矿顶板砂岩既能产生较高的平均电荷产生速率也能产生较高的峰值电流和电压。

　　综上所述,岩石的孔隙结构组成及受载破碎后的变化规律与岩石的力学性质以及电特性一致,很遗憾在力电测试试验中,不能实时监测岩石孔隙结构中大孔、中孔、小孔的动态发育过程,从而得到孔隙结构与力电特性的耦合特征。

3.3　岩石力电效应的微观机理

大量试验研究和理论论证表明,当岩石受到外界条件(如应力、温度等)作用时,在岩石内部会产生自由电荷。从微观角度来讲,岩石是由无数的分子、原子以及它们之间的相互力作用形成的宏观物体。当岩石处于平衡状态时,原子核正电与核外电子数量相等而呈现电中性。一旦发生温度的升降、外力作用等外界条件,原子的平衡状态会被打破而显电性。因此,物质之间的相互作用是由于原子中电场之间的相互作用。当岩石在外界荷载作用时,岩石内部颗粒之间电场的相互作用发生变化,电荷出现分离、中和、运动等过程。为了解释岩石产电的这种特性,前人提出了大量的理论进行解释,本节对这些理论进行分析总结,并结合试验结果分析岩石材料变形破裂过程中产电的微观机理。

3.3.1　岩石矿物的压电效应

压电效应是某些矿物(特别是电介质)表现出来的一种特性,由外加机械力引起的电极化来表示。介电材料由相关的原子、分子和离子组成,这些材料中的粒子不能像金属中的自由电子那样任意移动。因此,介电材料中的带电粒子只能移动有限的距离,或者极性分子(正电荷和负电荷的重心不一致)的带电粒子沿外加电场的方向做定向运动。这种带电粒子的移动或分子在外加电场作用下的重新定向称为介电极化。压电极化可以在具有对称性的单晶中观察到,也可以在含有以适当方式定向的压电晶体的多晶集合体中观察到。压电效应具有如下特性:

①　在机械力或特定方向的变形作用下,矿物将引起晶格变形,内部电极化使晶体表面产生电荷。

②　极化作用结果,电介质表面电荷密度与外加机械力或变形之间呈正比例关系。

③　在同一方向机械力作用下,电荷会保持特定表面上的极性,并且电荷的极性与外加机械力或变形的方向同步变化。

④　压电效应的定量特征可以用压电模数 d 表示,其大小等于极化强度 D_p 与机械力 T 的比值,即:

$$d = \frac{D_p}{T} \tag{3-5}$$

⑤　逆压电效应的存在,由于电场作用而产生的机械力或变形形成逆压电效

应,李普曼(Lippman)在 1881 年从理论上预测了逆压电效应,后经居里夫人试验证实。

压电效应具有双向可逆效应,存在着二次、三次及多次感生效应,其相关模型如图 3-14 所示。

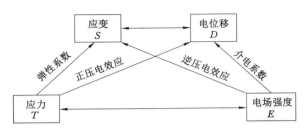

图 3-14　力电效应模型

关于各种有机晶体中压电效应的研究较多,但关于矿物压电特性的研究却较少。邦德(Bond)从有利于压电效应存在的角度对 830 种矿物的对称性进行了检验,发现 70 种矿物存在压电效应的。其中只有 23 种(α-石英、β-石英、电气石、闪锌矿、霞石等)已测定出压电模数值,其余矿物仅能定性地确定其压电效应。其中,石英是一种介电矿物,有非常高的电阻率。就地壳的丰度而言,它仅次于铝硅酸盐,是一种主要的成岩矿物。石英岩和砂岩等岩石基本上是由石英构成的。

石英晶体中硅原子与氧原子近似以六边形排列,如图 3-15(a)所示,根据布拉格(Bragg)理论,每个硅原子都有 4 个正电荷,而 2 个氧原子都有 2 个负电荷,硅原子和氧原子在结构中的位置使它们具有整体电中性。为了简化起见,可将硅原子上下的一对氧原子看作一个带 4 个电荷的单个氧原子,如图 3-15(b)所示,正、负带电原子处于电平衡状态,石英晶体宏观上呈现电中性。当施加一个轴向压应力时,硅原子被迫在氧原子对之间运动,其内部原子之间的平衡结构会遭到破坏,晶体上部的 Si 原子被压入相邻的 2 个 O 原子之间,晶体下部的 O 原子会被挤入相邻的 2 个 Si 原子之间,结果是在受力方向上的 2 个承压面出现异种电荷,此时若去除应力则晶体会回到其初始状态且仍旧呈现电中性,如图 3-15(c)所示。当施加的是拉应力时,亦是同理,如图 3-15(d)所示。这里仅介绍石英的压电作用,实际上岩石中还有其他矿物也存在压电效应。然而,由于石英晶体的特殊结构,使得石英晶体在受载时产生的压电效应更加显著。

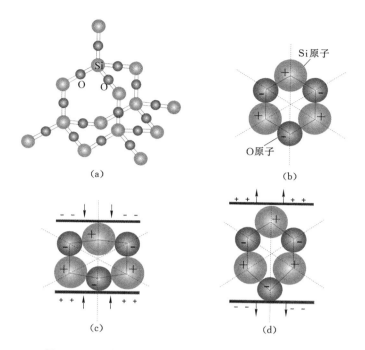

图 3-15　石英晶体结构及机械激发产生电荷原理示意图

3.3.2　应力集中及裂纹扩展作用

在之前的试验研究中,大理岩本身不含有压电材料,但其在加载破裂过程中,均会产生电压和电流。根据斯捷潘诺夫效应理论,即使受载物体内部不含压电材料,当有压缩或者拉伸作用在岩石表面而产生

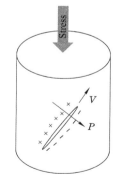

非均匀形变和损伤时,岩石的受载面会形成电荷分离现象,且电荷电性相反,如图 3-16 所示。当岩石发生裂隙时,裂隙边缘点以弹性波的速度运动,在裂隙边缘产生电偶极子,随着偶极子长度的增大,电荷 q 发生变化,从而产生电压。一般情况下,正电荷在受压部分积聚,负电荷则在受拉部分积聚。与压电效应类似的是,斯捷潘诺夫效应产生的电荷量与单轴加载应力呈近似线性正相关关系。

图 3-16　岩石破裂电偶
极子产生示意图

在岩石材料的内部包含着大量不同尺寸的晶粒,这些晶粒在岩石内部所处的位置以及形状大小各不相同。根据晶界电势理论,当外力作用于岩石材料时,在晶粒间界(缺陷)处会形成高应力集中,这种效应会破坏晶界电势原有的平衡,破坏附近的化学键,从而形成电荷分离,大量自由电荷产生。岩石中还包含另外一种缺陷叫作位错,这是由于部分原子的局部不规则排列造成的。当岩石受到非平衡应力作用时,位错中的带电部分由高应力区域向低应力区域扩散,产生电荷的分离现像。

3.3.3 摩擦作用

人类对电的认识则起源于摩擦起电。大约在 1730 年,人们摩擦不同材料(高绝缘电介质)时得到不同性质的电荷,分别为正电荷和负电荷。例如,人们发现用玻璃棒在皮毛上摩擦后迅速离开可以吸引轻小物体,这是由于摩擦后毛皮上的电荷转移到了玻璃棒上,导致玻璃棒上存在多余的负电荷。

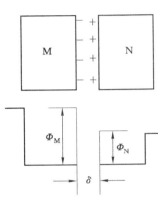

图 3-17 摩擦起电示意图

从本质上来讲,摩擦起电通过摩擦实现电荷的转移,这个过程可以用凝聚态物质的功函数来解释。物质的功函数表示发射一个电子所需的最小能量。如图 3-17 所示,设有功函数分别为 Φ_M 和 Φ_N 的两个物体 M 和 N。其中 $\Phi_M > \Phi_N$,当它们之间的表面距离 δ 不大于 $25~\mu m$ 时,则有电子从 M 转到物体 N。物体 M 的表面层将形成多余的负空间电荷,物体 N 的表面层将出现等量的正空间电荷,这样物体 M、N 之间形成了厚度为 δ 的偶电层,若物体 M、N 迅速分离,偶电层来不及完全消失,这样物体 M、N 就带电了,这就是摩擦起电的原理。摩擦起电引起的电荷或偶电层积累到一定的程度也会产生静电放电,发出可见光,这也是石英摩擦发光的根本原因,如图 3-18 和图 3-19 所示。

岩石成分较为复杂,由不同矿物颗粒、矿物质和一些胶结物组成,它们之间通过较弱的范德瓦耳斯力黏结。当受到应力作用时,不同矿物颗粒、矿物质之间由于黏泵力较弱而发生滑动、摩擦,从而产生自由电荷。这种滑动和摩擦也说明岩石的裂纹扩展形成了新表面,即摩擦起电也是裂纹扩展产电的一个重要原因。何学秋等[168]对煤岩进行剪切破坏试验时发现,角度对电荷分离具有不同作用,角度越小,越容易产生摩擦起电。

3.3.4 煤矿顶板砂岩压电-破裂产电的协同机制

综上所述,晶界、位错、摩擦作用都是由于岩石在应力作用下内部产生了微小裂纹,在晶界、位错等缺陷处产生了自由电荷,这些作用能够决定电荷量的多少,属于岩石的物理属性,因而其微观表现为裂纹量产生的多少以及裂纹的扩展

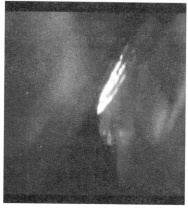

图 3-18　石英晶体摩擦产生火花试验

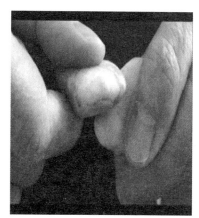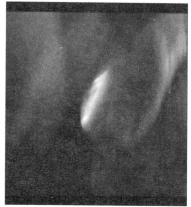

图 3-19　含石英颗粒石块摩擦产生火花试验

情况。但是,岩石的破坏不是从原始状态就突然发生的,它要经历微裂纹的萌生、发育、成核等一系列演化过程。岩石的破坏行为不是由单一裂纹决定的,也不是由单一尺度的裂纹群体决定的。

　　通过第 2 章试验可知,当 s 小于 0.3 时,各种岩样的应变变化速率较大,此时岩样处于压密阶段;当 s 大于 0.3 时,应力-变应应变曲线呈直线上升趋势,此时岩样处于线弹性阶段。如图 2-10 所示,随着应力继续增加,应力-应变曲线开始偏离直线,此时 $s = s_d$。值得注意的是,当正态应力超过极限值 $s = 0.65$ 时,岩样实际上已经超过了(线性的)弹性范围;特别是当 s 超过 0.75 后,微裂隙数量猛增,且相对较长,岩石的损伤加剧。岩石材料破坏前大量裂纹的产生、密集及相互贯通的过程伴随着大量的电荷产生。

对于岩石破裂,最终的根源还是要从原子或分子尺度上寻找。从微观角度出发,岩体内部要产生新的静电荷或者移动电荷,其最终来源都是原子健的断裂,也就是新断裂面的产生。其中,原子键类型可以决定断裂抗力,也是裂纹扩展的阻力。这些键包括共价键、离子键、分子键、氢键等,而这些化学键都是由于电的相互作用结合在一起的。受到破坏的键就会成为悬键,在新形成的裂隙壁面两侧带上正负电荷,可以认为这种产电机制属于化学产电。

压电效应则是另外一种产电机制,3.3.1 小节介绍的石英晶体两端产生电性的机理,对于岩石中存在大量晶体集中时,典型石英晶体的初始极化被岩石中的移动束缚电荷中和,因此可能无法在样品表面获得可测量的极压,如图 3-20(a)所示。当黏滑事件(黏滑既可以重复出现,也可以随机发生)发生时,石英晶体受到快速的应力降(ΔS_{jk})发生时[图 3-20(b)],岩石中的石英晶体按所施加的应力下降的比例被电极化,石英晶体的极化降低为:

$$P_i = d_{ijk}(S_{jk}^0 - \Delta S_{jk}) \tag{3-6}$$

式中,P_i 为极化矢量的第 i 个分量;d_{ijk} 为岩石的三阶张量的压电模量。

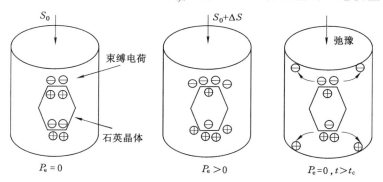

图 3-20　基于压电效应的电信号源模型示意图

与束缚电荷离开所需要的弛豫时间相比,如果足够快,那么中和状态就会被打破。初始极化和应力诱导极化之间的差异表现为有效极化 P_e,有效极化之后是弛豫过程,束缚电荷将移动以抵消有效极化电荷,如图 3-20(c)所示。如果这一过程以一个速率发生大于束缚电荷中和有效极化的衰减时间 t_c,则可以在样品表面测量该信号。有效极化可以从岩石外部看电信号,其极性取决于石英晶体电轴的方向。

有效压电效应为零并不代表不存在压电效应,而是岩石中的自由电荷将石英晶体产生的压电效应电性中和了,即达到相对平衡状态。晶粒大小则象征着单个晶粒产生压电效应的强弱,晶粒越大,其压电响应越剧烈。在岩石破裂之前,石英晶体就是一个个的带电颗粒,随着应力的变化而表现出不同的电性,这种产电机制可以认为是物理产电。

因此,根据实验室以及前人的研究,针对煤矿顶板砂岩,都可以归结于这两种物理化学产电机制,并提出一种压电-破裂产电的协同机制。此时岩石的产电过程完全由于外力刺激,这相当于电池的充电过程。对于顶板砂岩而言,可以将整个岩层当成一个大的"电容",采动过程的顶板应力集中及变化相当于对"电容"充电,使得岩石成为一个带电体。下面对其机制进行详细阐述:

① 在顶板砂岩压密阶段及弹性形变阶段,应力变化的增大与变小,岩石内部缺陷点或面之间的距离增大与减小,进而造成原子健电荷的释放、重新分布等过程,在宏观上出现自由电荷的增多或减少,这种产电过程就叫作化学产电。此时岩石在弹性变形阶段,由于应力水平较低,这种微小裂纹产生量较少,因而此阶段这种化学产电作用较弱。在此情况下,砂岩中的石英颗粒受力产生极化作用,低加载速率时有效极化较弱,高加载速率时有效极化较强。另外,石英颗粒由于压电效应而在其周围形成大量的束缚电荷,在应力没有突变时,石英颗粒成为一个带有大量电荷的颗粒,但其电性表现为中性。只有在出现应力变化时,束缚电荷才会释放。在极化与去极化过程中,岩石表面的极化电荷(束缚电荷)的面密度发生变化,形成极化电流和电压,形成表面电位。由于压电效应响应的敏感性,此阶段压电效应产生的极化电荷成为宏观电流和电压的主要贡献者。需要注意的是,此时电效应较弱并不是压电效应不存在,而是压电效应被束缚在电荷中,自由电荷被储存在大量的石英晶体中,这个过程叫作物理充电。此时,顶板砂岩可以看作一个大的"电容"。

② 在岩石的塑性变形阶段,微裂隙开始沟通,砂岩内部小孔逐渐沟通,中孔及大孔逐渐增多。此过程伴随大量的原子健断裂等化学产电过程,自由电荷随着裂隙的增加而增多,且与裂隙的增加成正比。此时破裂面大批自由电子离开,使得破裂面尖端正电荷瞬间集中显现,这相当于静电荷局部积累,发生近似充电现象。在石英晶粒未发生穿晶破裂前,此阶段石英颗粒的变形量较小,压电效应产生的压电响应较弱,砂岩的宏观变形主要是由于岩石孔隙结构中裂纹的增多造成的,而石英颗粒的压电效应。将大量自由电荷束缚在其周围,其电荷总量未曾减少。而在岩石破裂阶段,大量裂隙在破裂过程中瞬间沟通,由于化学充电作用形成的自由电荷呈"雪崩"式增加,此时石英晶粒由于应力作用而发生穿晶破裂,导致应力的突然消失,产生极高的应力降。压电效应消失导致石英晶粒周围的大量束缚电荷瞬间变成自由电荷,形成极高的场强,此时化学充电和物理充电

过程达到极致,产生的电荷量也达到最大。

因此,岩石在整个受载过程中形成的电流、电压变化,可以将其归纳为压电-破裂产电的协同作用的结果,也可将其认为是化学物理协同产电的作用,即两种作用的宏观表现。

3.4 本章小结

本章首先利用 X 射线衍射分析仪研究不同种类岩石的矿物成分及晶粒大小对于岩石力电特性的影响;然后利用扫描电镜及核磁共振研究不同岩石微观表征及孔隙结构演化;最后结合产电特性及微观特征揭示不同岩石受载变形破裂过程中的综合产电机理。主要研究结论如下:

(1)花岗岩中石英和闪石两种含量较高,大理岩以白云石为主,任楼煤矿顶板砂岩以石英、长石为主,张双楼煤矿顶板砂岩以石英、方解石为主。无论是石英晶体的平均晶粒粒径,还是主峰晶粒粒径,花岗岩的晶粒粒径都是最大的,而张双楼煤矿顶板砂岩的石英晶粒粒径最小。岩石受载的平均产电速率随着岩石中石英晶粒粒径的增大而增大,花岗岩的石英含量虽然较砂岩低,但其平均产电速率均较高。

(2)不同种类岩石的孔径分布不同,岩石的孔隙结构组成及受载破碎后的变化规律与岩石的力学性质以及电特性一致,小孔径的新生能决定岩样的电荷产生速率。

(3)岩石在整个受载过程中形成的电流、电压变化,可以将其归纳为压电-破裂产电的协同作用的结果,也可将其认为是化学物理协同产电的作用,是两种作用的宏观表现。

4 顶板砂岩的放电特征及点火特性

采空区的瓦斯爆炸取决于同时存在的两个随机的、独立的促成因素——点火源和爆炸性气体混合物。即使有预混气体存在,没有点火源也就意味着没有风险。而采空区作为独特的空间,易积聚易爆瓦斯气体,因而点火源成为研究的关键。我们之所以对岩石的受压带电性质开展研究,这是因为采煤工作面采动过程中,煤矿顶板砂岩受区域性应力作用使得同时出现电荷的积聚和释放,除了能产生异常电磁辐射外,也能对周围介质产生电离作用,而且在适当的条件下还会形成瓦斯爆炸。前文研究了顶板砂岩受载的产生电荷特性,当电荷积聚而不集中释放时,则不会引发次生灾害,反而成为岩石损伤破裂的预报信号;而在电荷集中释放时,则可能引发采空区瓦斯爆炸。因此,本章在煤矿顶板砂岩产电特性的基础上,将研究不同岩样在单轴加载情况的放电特征以及岩石破裂过程中形成的光效应,探索其形成的机理,从而研究顶板砂岩破裂过程中的点火特性,为探索采空区顶板砂岩电效应点火提供试验基础及可能的点火机制。

4.1 岩样受载过程中的电荷释放规律

在煤矿采动过程中,高应力储能顶板砂岩岩体中的应力释放会导致岩体弯曲、变形和破裂,尤其是在顶板应力集中过程。其形成的能量集散易引发顶板及其周边环境的物理异常,研究这些物理异常的产生机理和演变规律对预防瓦斯爆炸的发生以及临灾预报具有重要意义。因此,研究煤矿顶板砂岩受在破裂过程中的放电信号及其发生规律,对揭示岩体损伤和可能引发的次生灾变规律具有重要价值。

4.1.1 试验方案

试验样品与 3.3 节中所用样品一致,顶板砂岩分别来自任楼煤矿顶板砂岩和张双楼煤矿顶板砂岩,选用花岗岩和大理岩作为对比。试验样品均取自同一块岩块,通过岩样加工机器切割成 50 mm×50 mm×100 mm 的块状岩样;挑选结构规则、表面完整的岩样;通过超声波测速剔除异常岩样。为了消除水分的影响,岩样在加工完成后,在 60 ℃ 干燥箱内干燥 48 h 并存储。如图 4-1 所示,整个试验系统为全无源电路,岩样置于按压头中间,按压头两端通过绝缘纸绝缘。下端按压头通过铜胶带与数字表一端相连;数字表的另一端与法拉第笼相连并接地,用来测试岩样受载产生的电压。在岩样的一个表面平行布置了一个电容传感器(电容传感器用 30 mm×30 mm 薄铝片制成),与岩样间距 1 mm,用于捕捉岩石表面受载过程中释放的电荷。铝片覆盖铜胶带(同 2.1 节),铜胶带与鳄鱼夹连接并接入数字表,如图 4-2 所示,另一端与法拉第笼相连并接地。本试验仅设计采用不同的加载速率对岩样进行加载,加载速率分别设置为 0.5 kN/s 和 5 kN/s,并且记录应力、应变及电压的变化规律。与下按压头连接电压标记为 V_1,与电容传感器连接电压标记为 V_2,其中 V_1 表示岩样受载产生的电压,V_2 表示岩样表面受载过程中释放的电荷。试验设备、步骤和 2.1 节中描述一致,这里不再赘述。

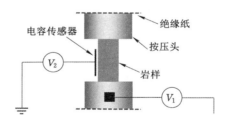

图 4-1 岩样放电试验系统示意图

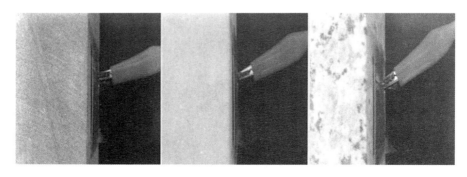

图 4-2 电容传感器布置示意图

4.1.2 试验结果及分析

当岩石样品在单轴压缩作用下发生破坏后，由于不同种类的岩样性质差异较大，其破坏形态呈现出较为明显的差异性。即使是同一类岩样，其抗压强度在同种加载速率下的表现也存在一定的差异，对应产生的电压和电荷释放规律也不同。每种岩样均以同一加载速度进行 3 次试验，本节仅对典型试验结果进行分析。在单轴压缩破坏过程中，随着应力的变化，岩样表面会释放瞬变电荷，通过 3 cm×3 cm 薄铝片可以将电荷捕获并形成电压信号。当应力达到峰值时，电压也达到最大值，部分岩样在短时间内会发生少量的正负性交替变化。试验设置两组加载速率：0.5 kN/s 和 5 kN/s，分别对应低加载速率和高加载速率。为了便于分析对比，将所有试验结果取绝对值，这样不会对试验结果产生影响。

（1）大理岩电荷释放规律

图 4-3 为大理岩分别在 0.5 kN/s 和 5 kN/s 加载速率下的电荷释放规律、力致电压规律和应力变化规律。与第 2 章所得规律一致的是，力致电压在整个加压过程汇中表现出两个"波峰"。当加载速率为 0.5 kN/s 时，大理岩分别在 6.3 s 和 338.1 s 时达到峰值电压，分别为 0.137 V 和 0.385 V；当加载速率为 5 kN/s 时，大理岩分别在 1.2 s 和 41.5 s 时达到峰值电压，分别为 0.229 V 和 0.664 V。在达到第一个峰值电压后，电压出现缓降，其变化的规律及出现的原因与第 2 章的分析结果一样，这里不再赘述。本节重点讲述电荷的释放规律，即 V_2 的变化规律。与力致电压变化规律不同的是，不管是低速加载，还是高速加载，都没有表现出双波峰规律。在岩样主破裂之前，电压值均较小，与力致电压相比小一个数量级，甚至比在低速加载速率中要小两个数量级。不管是低速加载，还是高速加载，大理岩均保持低水平电荷释放，且最低值达到 0.01 mV。在岩样主破裂之前，电压值变化水平偶尔有起伏，但变化幅度都不大。对比图 4-3(a)和图 4-3(b)中 V_2 变化规律可知，在高速加载过程中，V_2 的波动幅度较大，应力值的变化频率更高。两种加载速率下 V_2 分别在 338.2 s 和 41.4 s 时出现突增现象，分别达到 0.022 V 和 0.212 V。时间和 V_1 的峰值电压基本同步，与岩样峰值强度达到的时间也同步。但两种加载速率下 V_2 的峰值电压相差较大，相差将近 3 倍。实际上，两种岩样的抗压强度分别为 87 MPa 和 108 MPa，二者的抗压强度相差不大。当然，不能排除造成这种试验结果的可能原因是，试验过程中 3 cm×3 cm 的电容传感器所对应的岩样表面没有出现较大裂隙，捕捉到的电荷量较少，因而电压值较小。需要指出的是，在岩样出现主破裂过程中，电压的升高是激增的，且瞬态出现；而在主破裂出现之后，即岩样达到抗压强度，大理岩破碎断裂后仍能捕捉到较强的电信号。

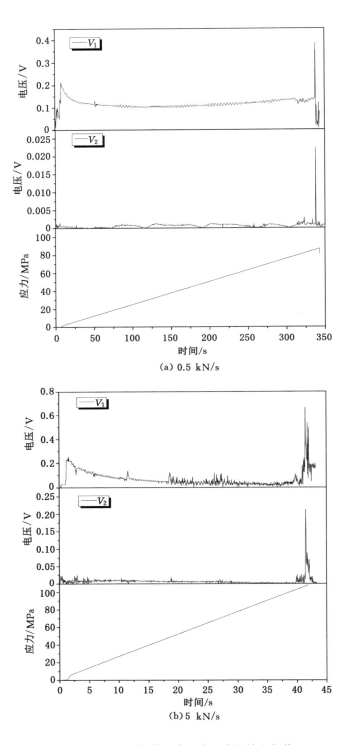

图 4-3　不同加载速率下大理岩的放电规律

（2）花岗岩电荷释放规律

图 4-4 为大理岩分别在 0.5 kN/s 和 5 kN/s 加载速率下的电荷释放规律、力致电压规律和应力变化规律。同样地，花岗岩的力致电压变化规律表现一致，在整个加载过程中表现出两个波峰。当加载速率为 0.5 kN/s 时，大理岩分别在 7.4 s 和 366.1 s 时达到峰值电压，分别为 0.216 V 和 0.787 V；当加载速率为 5 kN/s 时，分别在 1.39 s 和 34.5 s 时达到峰值电压，分别为 0.326 V 和 1.84 V。V_2 的变化规律与力致电压的变化规律不同，不管是低速加载，还是高速加载，都没有表现出双波峰规律。在花岗岩主破裂之前，电压值均较小，与力致电压相比小一个数量级。因此，不管是低速加载，还是高速加载，花岗岩表面均保持低水平电荷释放。从图 4-4（a）和图 4-4（b）中 V_2 变化规律可知，在花岗岩主破裂之前，电压值变化水平偶尔有起伏，但变化幅度都不大，且高速加载过程中 V_2 的波动幅度较大，应力值的变化频率更高。但从图 4-4（b）中可以看出，V_2 分别在 7.2 s 和 31.5 s 处有突变现象，变化幅度不大，最大值分别达到 0.044 V 和 0.092 V。其中，在 31.5 s 处与 V_1 值的突变过程对应，而在 7.1 s 处的 V_1 则无明显变化，说明此时花岗岩表面发生了细小裂隙，释放的电荷被传感器捕捉到，但对岩样两端产生的电压（V_1）没有影响。两种岩样的 V_2 分别在 366.4 s 和 34.8 s 时出现突增的情况，分别达到 0.324 V 和 0.514 V。时间和 V_1 的峰值电压基本同步，与岩样峰值强度达到的时间也同步。两种加载速率下 V_2 的峰值电压不同，高速加载速率下的 V_2 的峰值要明显大于低速加载下的 V_2 的峰值。实际上，两种岩样的抗压强度分别为 92.1 MPa 和 92.6 MPa，二者的抗压强度几乎相等。因此，加载速率对于岩石破碎过程中的瞬态电荷的释放能产生显著影响。在岩样出现主破裂过程中，电压的升高是激增的，且瞬态出现；而在主破裂出现之后，花岗岩破碎断裂后仍能捕捉到较强的电信号。

（3）煤矿顶板砂岩电荷释放规律

图 4-4 和图 4-5 分别为任楼煤矿顶板砂岩和张双楼煤矿顶板砂岩在不同加载速率下的电荷释放规律、力致电压规律和应力变化规律。两种煤矿顶板砂岩的力致电压变化规律表现一致：在整个加载过程中，V_1 缓慢增加，受加载初始阶段与岩样的接触差异，部分岩样表现出双波峰状态。同样地，V_2 的变化规律与力致电压的变化规律不同，不管是低速加载，还是高速加载，都没有表现出双波峰规律，在砂岩主破裂之前，电压值均较小。当加载速率为 0.5 kN/s 时，任楼煤矿顶板砂岩和张双楼煤矿砂岩的 V_2 分别在 582.5 s 和 206.2 s 时达到峰值电压，分别为 0.52 V 和 0.208 V，其抗压强度分别为 148 MPa 和 51.6 MPa。当加载速率为 5 kN/s 时，任楼煤矿顶板砂岩和张双楼

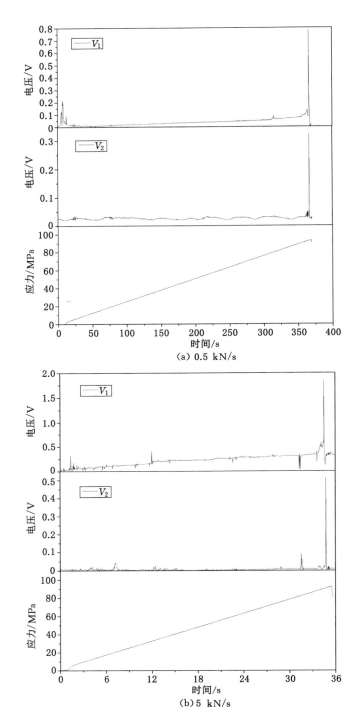

图 4-4 不同加载速率下花岗岩的放电规律

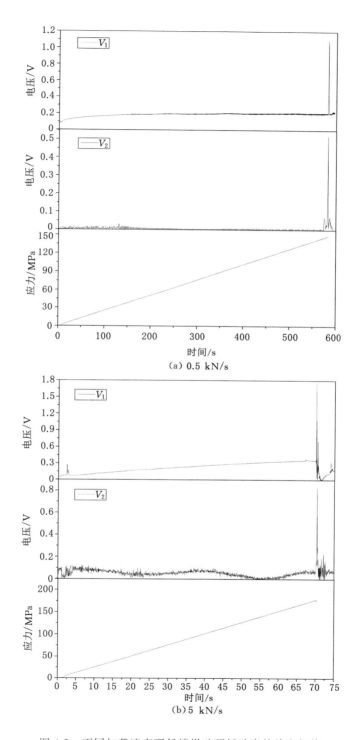

(a) 0.5 kN/s

(b) 5 kN/s

图 4-5 不同加载速率下任楼煤矿顶板砂岩的放电规律

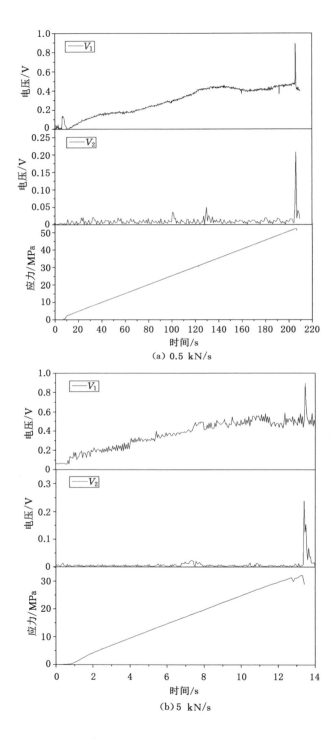

图 4-6 在不同加载速率下张双楼煤矿顶板砂岩的放电规律

煤矿砂岩的 V_2 分别在 70.3 s 和 13.5 s 时达到峰值电压,分别为 0.826 V 和 0.239 V,其抗压强度分别为 178 MPa 和 32.1 MPa。时间和 V_1 的峰值电压基本同步,与岩样峰值强度达到的时间也同步。从 V_2 的变化规律可知,在高速加载过程中,V_2 的波动幅度较大,应力值的变化频率更高。两种煤矿顶板砂岩的 V_2 在主破裂之前也偶会出现突变情况,这与细观裂隙的产生及放电有关。与大理岩、花岗岩一样,在岩样出现主破裂过程中,电压的升高是激增的,且瞬态出现;而在煤矿顶板砂岩主破裂出现之后,即岩样达到抗压强度,其破碎断裂后仍能捕捉到较强的电信号。

(4)对不同岩样的放电规律结果分析

同 2.4 节一样,通过平均电压 $V_{2\text{-A}}$ 和岩样破裂时的峰值电压 $V_{2\text{-P}}$ 来评估岩样的放电能力,其中平均电压 $V_{2\text{-A}}$ 用累积 V_2 值与累积采集次数的商表示岩样的整体放电能力,即:

$$V_{2\text{-A}} = \frac{\sum V_2}{N} \tag{4-1}$$

式中,N 表示放电过程中累积采集次数,通过计算可以得到各个岩样 $V_{2\text{-A}}$;同时,根据各个岩样的应力应变曲线,可以求得各个岩样的杨氏弹性模量。表 4-1 为各岩样物理属性及其对应的放电能力属性。

表 4-1　各岩样物理属性及其放电参数

岩样	加载速率/(kN·s⁻¹)	抗压强度/MPa	$V_{2\text{-A}}$/V	$V_{2\text{-P}}$/V
大理岩	0.5	87	6.76×10^{-4}	0.052
	5	108	7.33×10^{-4}	0.212
花岗岩	0.5	92.1	2.69×10^{-2}	0.324
	5	92.6	7.01×10^{-3}	0.514
任楼煤矿顶板砂岩	0.5	148	6.55×10^{-3}	0.52
	5	178	5.43×10^{-2}	0.826
张双楼煤矿顶板砂岩	0.5	51.6	9.96×10^{-3}	0.208
	5	32.1	$7.48\text{E} \times 10^{-3}$	0.239

综合对之前电荷释放规律的分析,我们得到如下结论:

① 岩石破碎之前,瞬时电荷的释放量和应力的加载水平无相关关系,而力致电压则会随着应力水平的变化而变化。这里,由于电压的产生纯粹是由岩石表面释放的电荷产生,因此电荷的释放量可以用电压值的大小表示。岩石样品本身具有大量的微裂纹,受载后随着压力的增大而增加。由于应力集中,所以这些微裂纹在裂纹尖端会发射低能电子;同时,由于岩石样品表面裂纹的随机性,

使得尖端电子的逃逸也具有随机性,并在样品表面逃逸出微量电荷,这种电荷的释放是随机的,所以其放电较为微弱,电荷量也较少。

② 由表 4-1 可以看出,不同岩石在同一加载方式下,平均电荷释放速率和峰值电荷释放量有较大差别,具体表现为含石英量多的花岗岩和砂岩的平均电荷释放量较大理岩高一个数量级。从 V_{2-P} 也可以看出,花岗岩和砂岩破裂瞬间能产生更多电荷,石英含量增大了储存在岩样中的电荷,这种电荷会在岩石表面缓慢逃逸,形成低能电子。在岩样破裂时,会瞬间释放出去,并且在场强的作用下形成高能电子。

③ 花岗岩和两种煤矿顶板砂岩都含有较高的石英含量,但从不同的 V_{2-A} 来看,与石英含量无明显关系。从 V_{2-P} 可以看出,任楼煤矿顶板砂岩的石英含量较其他两种岩石要高,其抗压强度也较其他两种岩石要高。虽然任楼煤矿顶板砂岩的石英颗粒较其他两种岩石的小,但其抗压强度高。因此,任楼煤矿顶板砂岩在破裂过程中的放电能力更强,可以将其在受载过程中产生的电能更多地往外释放,此时电子的能量会更高。

④ 由表 4-1 可以看出,不管有无石英晶体,加载速率均对岩样的电荷释放影响较大。不同种类的岩样被不同加载速率加载时,由于岩石内部微裂纹的导通,使得内外部破裂发射的大量电子直接飞入空间而被记录。由于大量电子的逃逸,使得裂纹尖端聚集相当数量的电荷,并产生很高的电场。此时裂纹的产生量决定着电荷的释放量,而加载速率可以决定裂纹的产生量。可以看出,虽然岩石中的矿物成分和微观结构不同,但当加载速率增大时,其在破裂时释放的电荷也就越多。

4.1.3 基于裂纹扩展的煤矿顶板砂岩尖端放电机制

岩石重要特性之一是内部存在大量原生微裂纹,受压后微裂纹端部的应力因为应力集中而比外加平均应力大几个量级。处于高压应力下的原子,外层电子轨道半径随压力增加而减小;当新的微裂纹产生后,此时压力突然降低,电子能量增加,脱离原子的束缚以自由电子形式往裂纹端部转移或直接从裂纹端部发射出来,电子能量可达几十伏特。在上述过程中,往往忽略含石英岩石的压电效应,而在裂纹产生过程中,微裂纹的应力始终是不平衡的,其变形的不平衡使得岩石中的石英晶体产生压电电场,从而促进自由电子的运移、加速裂纹端部自由电子的聚集以及发射。这也是含石英岩石平均电荷释放量较不含石英岩石的平均电荷释放量高的原因。

图 4-7 为微裂纹扩展瞬间形成的电荷分布图。在裂隙形成瞬间,因电子发射而具有负电荷;在固体裂纹端部,因失去电子而带正电荷。当微裂缝在这样的岩石体积中快速地打开和闭合时,它们会发出声波。每一个微裂缝都会在局部

产生小范围的正电洞穴,并且它们会形成一个大的电荷云。如果在岩石的不同部分快速连续的打开和关闭裂隙,则不断生成正电洞穴,每生成一个正电洞穴,电荷载体密度将产生波动从而形成电流脉冲,并且在不同的方向传播,从而产生宽带电磁噪声和电磁辐射。由于微裂隙发生在岩石表面,电荷云则会被电容传感器捕获,从而产生电压信号。在主破裂产生之前,这种电压信号往往很微弱,与试验结果一致。

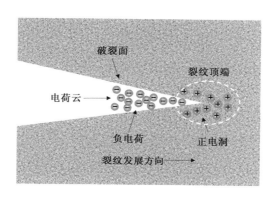

图 4-7　微裂纹端部电荷分布

　　岩体中的微裂隙具有"低真空"和"低电位"特征,因而布满大量游离的正、负离子和自由电子。作为一种特殊形态的"带电导体",其中的正、负离子呈"等离子态",而自由电子则集中于裂隙空间的尖端。图 4-8 为煤矿顶板砂岩岩体破裂过程中裂隙尖端放电机制的基本过程。如图 4-8(a)所示,处于应力平衡的顶板砂岩岩体中存在着大量原生或次生的微裂隙群,同时存在大量的自由粒子。随着采动过程中出现的应力重新分布及应力集中,单个微裂隙扩大并且互相沟通,微裂隙群增多,裂隙增大,旧的自由电荷和新产生的自由电荷都在新的大裂隙中富集,致使自由电子的密度和总量均有所增加。此时,图 4-8(a)中的微裂隙群和自由电荷在应力集中作用下发展为图 4-8(b)中的形态。随着应力的继续增加,裂隙沟通,形成宏观大裂隙,此时裂隙尖端的电位和尖端外的场强,包括压电

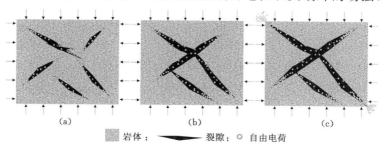

图 4-8　顶板砂岩尖端放电发展过程

效应突然消失后形成的高场强,增加到足以放电的水平,发生图 4-8(c)所示过程,即微裂隙尖端内的电荷开始向尖端外的区域剧烈而短暂、带有"雪崩"式放电,因而在试验中能检测瞬间增大的电压。

由试验结果可知,在岩石破碎瞬间出现瞬态高电压,此时电容板观测到的充电现象是瞬态且非连续性的,但随后还是能检测到较高的电压,说明其放电过程是缓慢的、连续的。对大尺度的岩体破坏过程来说,其放电过程的可测性很强,而这种规律具有普遍性。

4.1.4　煤矿顶板砂岩尖端放电的场强特征

根据脆性固体断裂力学理论,在常力加载的条件下可导出岩石破裂时裂纹扩展的速度 $v(\mathrm{cm/s})$。

$$v = (2\pi Y/k\rho)^{1/2}(1 - L_0/L) \tag{4-2}$$

式中,Y 为杨氏弹性模量,$Y = 9.806\ 6\ \mathrm{N/cm^2}$;$\rho$ 为密度,$\mathrm{g/cm^3}$;k 为常数;L_0 为裂纹的初始长度;L 为裂纹扩展时的长度。

当 $L \to \infty$ 时,v_T 为裂纹扩展的极限速度,即:

$$v_\mathrm{T} = (2\pi Y/k\rho)^{1/2} \tag{4-3}$$

已知固体的弹性纵波速度 $\alpha(\mathrm{cm/s})$ 为:

$$\alpha = \sqrt{Y/\rho} \tag{4-4}$$

所以:

$$v_\mathrm{T} = (2\pi/k)^{1/2}\alpha \tag{4-5}$$

由此可得:

$$k = 2\pi(\alpha/v_\mathrm{T})^2 \tag{4-6}$$

一般认为,岩石破裂时裂纹扩展的极限速度就是瑞利波速度,对泊松比为 0.25 的岩体来说,有:

$$v_\mathrm{T} = 0.58\alpha \tag{4-7}$$

作为加速度量级上的估计,可直接对式(4-2)进行求导。其中,裂纹扩展速度是 L 的函数,故需要进行中间变量代换,则:

$$a = \frac{\mathrm{d}v}{\mathrm{d}t} = \frac{\mathrm{d}v}{\mathrm{d}L} \cdot \frac{\mathrm{d}L}{\mathrm{d}t} \tag{4-8}$$

其中:

$$\frac{\mathrm{d}v}{\mathrm{d}L} = \sqrt{2\pi/k} \cdot \alpha \frac{L_0}{L^2} \tag{4-9}$$

而 $\dfrac{\mathrm{d}L}{\mathrm{d}t}$ 是裂纹扩展速度 v,将式(4-2)~式(4-7)式代入式(4-8),则裂纹扩展时的加速度为:

$$a = \frac{2\pi L_0}{kL^2}(1 - \frac{L_0}{L})\alpha^2 = v_T^2 \frac{L_0}{L^2}(1 - \frac{L_0}{L}) \tag{4-10}$$

不同岩石的弹性波会有不同,花岗岩为 4 500~6 500 m/s,大理岩的弹性波为 5 800~7 300 m/s,砂岩的弹性波为 1 500~4 000 m/s。为了便于分析,取岩样的弹性波速度为 4 000 m/s。那么,岩石破裂的极限速度 $v_T = 0.5\alpha = 2 \times 10^3$ m/s。根据岩样标本的 $L_0 = 20 \sim 200$ μm,由式(4-8)和式(4-9)可求得裂纹扩展速度随裂纹相对长度的变化,见表 4-2。

表 4-2　裂纹扩展速度随裂纹相对长度的变化

L/L_0	2	5	10	20	30	50	100	1 000
$v/(\text{km} \cdot \text{s}^{-1})$	1.0	1.6	1.8	1.9	1.93	1.96	1.98	1.998

从表 4-2 可以看到,岩石裂纹扩展速度 v 与 L_0 无关,而是取决于纹扩展长度 L 和裂纹初始长度 L_0 的比值。当 $L/L_0 = 5$ 时,速度达到 1.6 km/s。当 $L/L_0 = 10$ 时,速度达到 1.8 km/s,并很快接近极限速度。

根据式(4-16)可求得岩石破裂加速度随裂纹扩展时的变化,见表 4-3。

表 4-3　岩石破裂加速度随裂纹扩展时的变化

L/L_0	2	10	50	100	500	1 000
$a(\text{m/s}^2\vert_{L_0 = 20\ \mu\text{m}})$	2.5×10^{10}	1.8×10^9	7.84×10^7	1.98×10^7	7.98×10^5	1.998×10^5
$a(\text{m/s}^2\vert_{L_0 = 200\ \mu\text{m}})$	2.5×10^9	1.8×10^8	7.84×10^6	1.98×10^6	7.98×10^4	1.998×10^4

从表 4-3 可知,裂纹扩展加速度和裂纹扩展速度不同,与初始裂纹长度 L_0 有关。在 L/L_0 不变的条件下,初始裂纹减小一个量级,加速度增加一个量级,即初始裂纹短,裂纹扩展初加速度高。

根据郭子琪的裂纹扩展理论,在电荷运动速度远较光速小情况下,电偶极子辐射场的电场强度值 E_0 可表示为:

$$E_0 = \frac{qa \cdot \sin^2\theta}{4\pi\varepsilon_0 c^2 r} \tag{4-11}$$

式中,a 为裂纹扩展加速度;q 为电荷量;c 为光速;r 为观测距离;ε_0 为真空介电常数;θ 为观测点与场强的夹角。

由 4.1.3 小节可知,在岩石受载破裂过程中,成千上万条裂纹互相扩展,并在岩石表面"雪崩"式释放电荷,而多条裂纹同步扩展与单裂纹扩展产生的电场强度的机制相似。因此,根据场强叠加原理可以得到理论计算电场强度公式,则:

$$|E| = N|E_0| = \left| \frac{Nq \cdot a \sin^2\theta}{4\pi\varepsilon_0 c^2 r} \right| \tag{4-12}$$

由式(4-11)可知,当 $\theta = \frac{\pi}{2}$ 时,场强最大。

一般来说,裂纹尖端的电荷分布是极复杂的,由于裂纹尖端宽度只有 10^{-6} m 的量级,可假定裂纹在扩展时其端部的电荷密度变化很小。

根据式(4-12),可以求出岩石破裂时不同距离下的电场强度。根据朱元清等认为,裂纹尖端电量 q 的范围为 $1\times10^{-5} \sim 1.3\times10^{-5}$ C,在岩石尖端部分可以聚集的电子量达到 $10^{17} \sim 10^{18}$,而单电子的电荷量 $e = 1.6\times10^{-19}$ C,因而裂隙尖端电子 q 的范围为 $1.6\times10^{-2} \sim 1.6\times10^{-1}$ C。岩石破裂时形成的主破裂带一般由几十至上千条近似于平行的裂纹组成,岩石破裂时电子的逃离量和岩石破裂时压力的大小以及破碎程度有关。压力越大,破碎程度越大,电子逃离得越多,而电子的逃离量决定着电荷量的大小,故试验中发现岩石破坏时测得的电荷量有一较大的范围是正常的。因此,q 取中间范围值 5×10^{-3} C;$\theta = \pi/2$;a 为初始裂纹长度,$L_0 = 20$ μm 时的加速度以及 r 分别取 1 mm、1 cm、1 m;c 取 3×10^8 m/s;N 分别取 1、100、1 000,则可得到裂纹扩展尖端放电过程中的电场强度变化,见表 4-4。

表 4-4　岩石破裂尖端放电的电场强度

L/L_0	2	10	50	100	500	1 000
$a(\text{m/s}^2\vert_{L_0=20\,\mu m})$	2.5×10^{10}	1.8×10^9	7.84×10^7	1.98×10^7	7.98×10^5	1.998×10^5
$E(\text{V/m}\vert_{N=1})$	1.25×10^4	9.0×10^3	3.92×10^1	9.9×10^0	3.99×10^{-1}	9.99×10^{-2}
$E(\text{V/m}\vert_{N=100})$	1.25×10^6	9.0×10^5	3.92×10^3	9.9×10^2	3.99×10^1	9.99×10^0
$E(\text{V/m}\vert_{N=1\,000})$	1.25×10^7	9.0×10^6	3.92×10^4	9.9×10^3	3.99×10^2	9.99×10^1

岩石标本单裂纹破裂时的电场强度是很小的,当距离增加一个量级,E 值就减小一个量级。在裂纹扩展速度一致的情况下,此处单个裂纹产生的电荷量成为电场强度的关键因素,电荷量增加,则场强增大。因此,岩石样品的产电特性决定着单裂纹电场强度的大小,而在裂纹场强的计算过程中,实际上并没有加上由于压电效应形成的场强。而在电荷量大小的计算过程中,忽略了压电效应形成的自由电荷,因而实测和计算值会有一定误差,选取中间值用于计算场强也是源于此。由表 4-4 可知,当 $N = 1\,000$ 时,电场强度达到 1.25×10^7 V/m。此时大量裂纹同时产生,岩石破裂失稳,宏观表现为岩石破碎,达到抗压强度,此时电容板捕获大量电荷,电压突增,与试验结果一致。而根据汤逊放电理论可知,当场强达到 1×10^6 V/m 时,足以击穿空气,形成电晕放电,产生电子崩,形成流

柱。Brady[32]和郭自强等[149-151]在试验中通过粒子探测器获得 MeV 量级的电子,相应的电场值约为 10^8 V/m,远远超过空气的击穿强度。因此,在试验过程中,岩石破碎过程对应的电压值是由于岩石裂纹尖端产生的电晕放电。

4.2 岩样破碎过程的火花特征

岩石破裂过程中会产生光辐射,人们一直在观测与矿山岩石破裂和地震有关的光发射现象。过去许多科学家尽管已经提出了许多关于这些光发射源的理论,但由于缺乏精确的试验数据,对压裂岩石发光机理的可能解释缺乏共识。研究者对光的测量都是通过大量的光学检测手段,试图找到岩石破碎与光谱、电子能量之间的定量关系,以揭示其产生的微观机理。前人采用光电方法及光谱研究技术,利用光电二极管、倍增管等捕捉光子,对某些晶体及岩石矿物发光的强弱、带电量做了一定的分析。室内试验对于宏观光现象鲜有涉及,或者由于样品较小,尚未发现宏观闪光。对岩石破碎过程中的宏观光效应进行研究,可以验证并更好的解释微观机理,也为煤矿采空区由于岩层电效应引起的瓦斯爆炸提供理论基础。因此,本节通过构建试验系统以探索岩石破碎过程中的光电效应,为采空区瓦斯爆炸的真实点火源提供试验基础。

4.2.1 试验方案

本试验所选岩样为 2.1 节介绍的 $\phi 50$ mm $\times 100$ mm 的圆柱形岩样,受压端面磨成平行。为了减少岩样产生光效应的偶然性,试验采用的花岗岩、大理岩、张双楼顶板砂岩、任楼煤矿顶板砂岩均使用 3 个样品进行试验。试验前,将岩样放在 60 ℃的烘箱内干燥 48 h,达到绝对干燥状态。试验系统采用岩石物理中常用的标准单轴加载系统,即 2.1 节介绍的 MTS 试验机。如图 4-9 所示,将柱状岩石试样夹在两个钢板之间,施加载荷直到试样发生最终的脆性断裂,通过高速摄像机记录加载过程中的岩石破裂行为以及在黑暗背景下岩石破裂过程的发光现象。研究发光现象的一种常用方法是用光谱学来推断激发机制。破裂过程中发光的时间很短,有时肉眼难以分辨,而短而弱的发光光谱总是需要信号增强装置。在 MTS 试验系统中放置这样的装置会限制视野,难以同时观测发光现象和空间格局。同样,我们不使用横向应变测量装置,因为这些应变片的安装会成为摄影的障碍,并可能改变电场在岩样表面的分布。为此,我们集中研究了发光的空间特征,并从照片上的颜色来推测光谱特征。在试验过程中,我们利用加载前和断裂后在同一位置的日光下拍摄的样本图像来确定断裂后的发光位置,发现只有干样品才有发光现象,湿样品则没有。湿样品在试验前几天浸泡在蒸馏水中,而干样品则保存在干燥器中。高速摄像机使用的是美国视觉研究公司生产的 Phantom V211 高速摄像机,在弱光状况下,在 1 百万像素 1 280×800 的分辨率下,帧率为 1 000 f/s。为了防止岩石碎片损坏高速摄像机的镜头,在压机外罩上一层透光性能好、机械强度高的有机玻璃,起到有效保护作用而不影响光现象的拍摄。试验机加载速度均设置为 1 kN/s,岩石标本受压应力经应力传感器记录在计算机上。

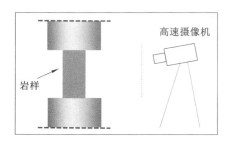

图 4-9　岩石受载破裂光效应试验系统图

4.2.2　不同岩样变形破坏特征

在有光的背景下,通过高速摄像机记录岩样在单轴加载情况的变形破坏特征,如图 4-10 至图 4-12 所示。由图 4-10 至图 4-12 可以得到以下几点岩样的变形破坏特征:

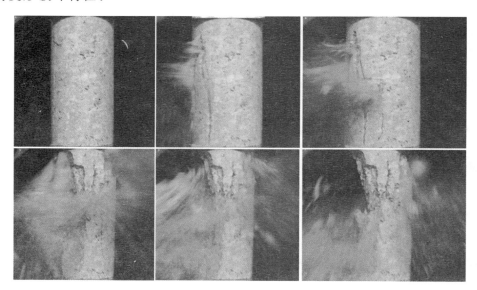

图 4-10　花岗岩的变形破碎特征

第一,3 种岩样均有尘云(由精细研磨的岩石颗粒组成)产生,而且尘云的形

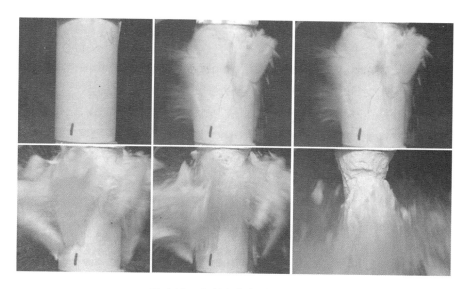

图 4-11　大理岩的变形破碎特征

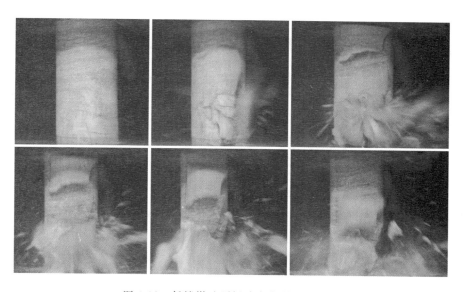

图 4-12　任楼煤矿顶板砂岩变形破碎特征

成是在冲击期间形成的,而不是沿着裂缝(断层)表面摩擦滑动的结果。在形成宏观裂隙时,会产生缓慢剥离岩石表面的微小颗粒,但并没有尘云的产生,而尘云是在形成宏观裂隙之后,岩石微小颗粒高速、"雪崩"式向外喷射。因此,岩石受载破碎过程中产生的光,不是由于摩擦加热到白炽的岩石碎片。

　　第二,在岩石样品碎裂之前,装载压板并没有显著的运动。也就是说,加载系统的刚度与脆性材料中的断裂过程无关。因此,岩石的碎裂过程可以排除外界的影响因素,体现的是其力学行为。

第三,花岗岩、大理岩、任楼煤矿顶板砂岩从产生宏观裂隙到最终完全破坏用时分别为 3 s、4.5 s、2.2 s,而从尘云开始产生到最终破坏用时分别为 45 ms、34 ms、21 ms,用时非常短,说明 3 种岩样的破裂过程具有爆炸性。为了证明其爆炸性过程不是由于加载速率过大影响所致,我们设置了另外一组加载速率(0.1 kN/s)进行加载。在慢速加载速率情况,3 种岩样变形破坏的变化规律并无明显改变,只是宏观裂隙到完全破坏时间稍有延长,岩样一旦产生塑性失稳,如果再继续加载,岩样的破碎过程均则具有爆炸性。

以上是 3 种岩样的共有变化特征,但不同岩样的变形破坏规律稍有不同。花岗岩出现的较多的破坏方式是沿轴向存在较多的劈裂面,通过劈裂面将整个岩样分成几部分。通过图 4-10 可以看出,表面裂纹的方向大部分偏离轴向不大,或与轴向近乎平行的劈裂破坏,而尘云则沿劈裂面向外喷射。大理岩则是另外一种破坏方式,如图 4-11 所示,上部一端为破裂圆锥面,破坏是沿着轴心从锥顶产生,因而其尘云则呈雨雾状向四周高速喷洒。任楼煤矿顶板砂岩的破坏方式则不同,以一个大的剪切面实现对岩样的贯穿,如图 4-12 所示。或许由于顶板砂岩属于沉积岩,其层理分布影响其破坏特征,只形成一个大的劈裂面,而尘云则沿劈裂面向外喷射。可以看出,由于砂岩的硅质胶结结构,所以砂岩的弹性变形能力较花岗岩和大理岩更强,使得破碎过程中产生的细小颗粒较少,尘云的产生量也更少,从破裂到爆炸性破碎所持续的时间也更短,其在瞬间释放的能量就更强。

4.2.3 不同岩样的光效应特征

下面选用 4 种岩样进行试验,每种岩样取 3 个,对每个样品发光现象进行统计,见表 4-5。在试验过程中,因为只有一台高速摄像机,所以试验的缺陷在于不能从不同的角度同时记录岩样破碎发光的过程。实际上,试验过程中有一些发光现象是未被记录下来的,只能通过目测进行记录。在所有成功的记录中,发光既有距离岩样较远的地方,也有离岩样很近的地方,或者在岩样上。

表 4-5　不同岩样的发光情况统计

岩样	抗压强度/MPa	发光情况	宏观破裂情况
1# 花岗岩	98	蓝白色闪光,光照强烈	粉碎
2# 花岗岩	110	橙黄色闪光,四面并出火花呈烟火状	锥形破裂
3# 花岗岩	91	白紫色电弧状闪光	半粉碎性劈裂
1# 大理岩	94	无光	粉碎
2# 大理岩	108	无光	粉碎
3# 大理岩	104	无光	锥形破裂

表 4-5(续)

岩样	抗压强度/MPa	发光情况	宏观破裂情况
1# 张双楼煤矿顶板砂岩	43	无光	边缘破裂
2# 张双楼煤矿顶板砂岩	38	无光	粉碎
3# 张双楼煤矿顶板砂岩	42	无光	碎成几大块
1# 任楼煤矿顶板砂岩	142	白紫色电弧状火花,光照较强	碎成几大块
2# 任楼煤矿顶板砂岩	124	橙黄色火花,往一角喷射	碎成几大块
3# 任楼煤矿顶板砂岩	125	无闪光	碎成几大块

在本书介绍的试验研究中,发现岩样脆性断裂的同时发生的发光现象,这一现象的空间分布与断裂模式一致。所发出的光由几种颜色组成,既有蓝白颜色,也有橙黄色、红色、青蓝色、白紫色等光色。图 4-13 至图 4-16 为花岗岩和任楼煤矿顶板砂岩破碎过程中的闪光。由于高速摄像机的帧率为 500 f/s,曝光时间为 2 000 μs,因此每张照片间隔时间为 2 ms。

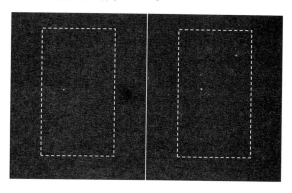

图 4-13　花岗岩岩样上的闪光

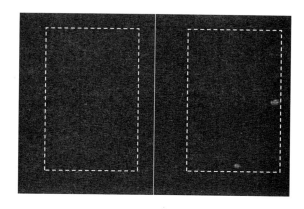

图 4-14　砂岩岩样上的闪光

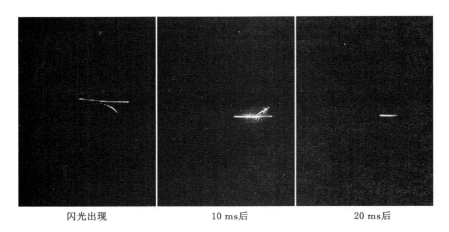

| 闪光出现 | 10 ms后 | 20 ms后 |

图 4-15　花岗岩较远距离处电弧状白紫色闪光

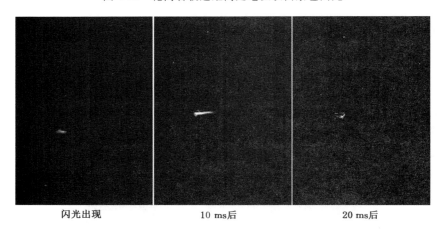

| 闪光出现 | 10 ms后 | 20 ms后 |

图 4-16　砂岩较远距离处电弧状蓝紫色闪光

图 4-13 和图 4-14 分别为闪光出现在花岗岩和任楼煤矿顶板砂岩上的形态图。其中,闪光的是小的光斑,亮度较弱,出现的位置各不相同。当岩石出现宏观裂隙时,这些光斑持续的时间较短,在所记录闪光中,间隔时间不超过 6 ms。

图 4-15 和图 4-16 分别为闪光出现在花岗岩和砂岩较远距离处的闪光。由于高速摄像机的帧率为 100 f/s,曝光时间为 10 000 μs,因此每张照片间隔时间为 10 ms。从图 4-15 和图 4-16 可以看出,较远距离处的闪光一般呈长线状,或者呈弧状,中心点较亮,持续时间较长,两种岩样均超过 20 ms。

图 4-17 和图 4-18 分别为花岗岩和任楼煤矿顶板砂岩上或较近距离处的形态图。岩石主破裂出现后,岩石破碎失稳,此时会产生爆炸性尘云,其闪光以喷射状为主,呈条状或月牙状向远离岩样的方向喷射。在这期间,岩样表面同样会产生闪光,此时伴随着岩石样品的瞬间破碎,大量微裂纹形成裂隙,大量自由电

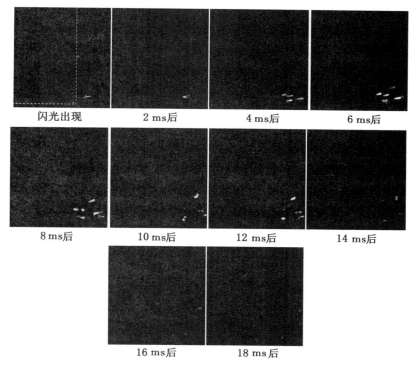

图 4-17 花岗岩近距离处喷射状橙黄色闪光

子从裂隙中"雪崩"式发出。大量国内外研究证明,此时产生最强波动的电磁辐射,同时也是闪光最为剧烈的时刻。图 4-17 和图 4-18 表明,闪光持续时间较长,分别达到 18 ms 和 22 ms。实际上,由于高速摄像机的曝光度不高,因此很多微弱闪光并未记录下来。如图 4-19 所示,原图显示没有任何闪光,但经过增加亮度后,可以看到一簇亮光,如"电子云"从岩样裂隙处喷出。

根据岩石破裂过程中产生的光效应,可以得到如下结论:

① 发光现象只出现在含石英岩样(花岗岩、任楼煤矿顶板砂岩)的破坏过程中,大理岩和张双楼煤矿顶板砂岩的破裂过程无宏观闪光发生。从表 4-5 可知,大理岩的强度和花岗岩的强度相差不大,但整个过程中未记录到大理岩的宏观闪光。张双楼煤矿顶板砂岩虽然石英含量较高,但其强度较低,未记录到宏观闪光。在试验过程中,发光现象大部分出现在接近主破裂至解体这个时段,这种闪光具有很好的重复性。发生在岩样上的闪光一般都发生在主破裂产生阶段,而较强的喷射状、电弧状闪光一般都发生在岩石解体阶段,即岩尘爆炸过程中。

② 岩样的发光的方向不具有规律性,不同岩样的发光方位各不相同,可以在岩样上,较近距离岩样和较远距离岩样,同时发光有一角发光、一面发光和四面发光的情况。发光形状也各不相同,有发生在岩样上点状的闪光,如图 4-13

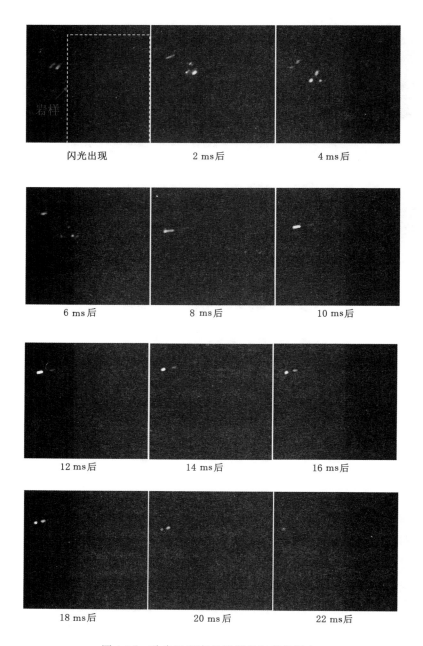

图 4-18　砂岩近距离处喷射状红黄色闪光

和图 4-14 所示；有发生在较远距离处的电弧状闪光，如图 4-15 和 4-16 所示；有发生在岩样上或较近距离处的喷射状闪光，如图 4-17 和图 4-18 所示。

　　③ 发光强度各不相同，较强的闪光在普通室内光照度的背景下明显可见（笔者做了大量重复性试验，在普通室内照明下，人们可用肉眼观察到闪光），而

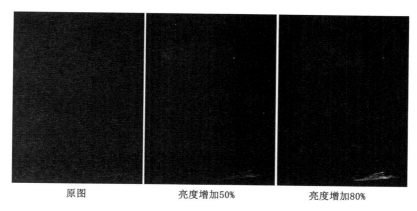

| 原图 | 亮度增加50% | 亮度增加80% |

图 4-19　图片增加亮度后的变化

较弱的发光则必须在暗室中才能勉强辨认,且持续时间较短(肉眼无法辨认)。

④ 单次闪光持续时间的估计,由于目测闪光强度都很大,所以闪光时间都较短,无法用人眼进行记录,使用的高速摄像机为了协调曝光度和帧率的平衡,在拍摄过程中,将帧率设置为 500 f/s,尽管两张闪光图之间的时间间隔为 2 ms,但实际这种闪光是连续的。可以肯定的是,较强闪光持续时间超过 10 ms。

⑤ 闪光发生在主破裂到解体期间,而根据 4.1 节可知,这期间释放了大量电子,并且伴有很强的磁辐射。因此,这种闪光必然和电磁释放存在联系。花岗岩、大理岩和煤矿顶板砂岩在空气中破裂试验表明,岩石受载破裂过程中会有发光现象,记录到的可见光部份在红光附近光强最强。研究表明,岩石破裂中的发光现象与环境介质性质有密切关系,这一结果与 Brady 等[32]用氢氦作为介质产生的光谱与本试验结果一致。

4.2.4　岩石破裂产生火花的机制

光实质上是一种电磁波,是由原子中的电子进行能量跃迁时产生的。爱因斯坦为了解释光电效应,提出了量子场论(量子电动力学),认为光子是电磁场量子化之后的直接结果。原子中的电子受到额外能量作用时产生电子跃迁,光子以波的形式向外释放能量,从而产生光,如图 4-20 所示。在岩石变形破裂产生光的额外能量可以是高温粒子,也可以是高能量的带电粒子。

首先,排除摩擦热产生闪光的可能。在 Brady 等[32]的研究中,岩石加载产生的光谱结果完全不存在连续辐射的光谱证据,而通过摩擦滑动加热到白炽的材料会产生连续辐射。Brady 等[32]利用不同岩石类型的岩芯进行研磨,可以产生相似的连续辐射谱,这种连续谱线由摩擦加热的岩石材料产生,并且易于检测。压裂岩石中连续辐射的缺乏表明,摩擦加热不会产生断裂过程中观察到的光。连续辐射的缺乏表明,在岩石破裂过程中产生的细碎粉尘材料不是由摩擦

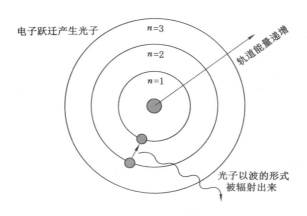

图 4-20　光产生的原理

滑动形成的。图 4-10 至图 4-12 也可以提供足够的证据，即尘云的产生不是由摩擦滑动产生。尘云的爆炸性结果表明，这些细颗粒的张性起源可能是由于在瞬间破裂期间通过岩石结构传播的冲击波产生的。

　　其次，岩石变形破裂产生光的本质是电。由于压电效应的存在，所以闪光的形成及影响因素成为众多学者争议的问题。压电激发模型被认为是发光形成因素，因为许多岩石材料含有已知为压电的矿物。就激励机制而言，压电放电最佳地表征为类似火花的，即具有低电流的高压差，其中激励作用主要归因于高电场。而 Brady 等[32] 没有检测到通常由火花放电产生的电离线谱。有分析认为，玄武岩不含任何强压电矿物，但氩气中玄武岩的光谱与氩气中花岗岩的产生的光谱相同，人们在花岗岩水中断裂试验中发现了原子氢和分子氢，这些气体的形成类似于水受到电子轰击辐射时产生的气体。因此，本书认为压电放电不是可见光的来源，而是岩石在断裂过程中由环境介质的外电子激发引起的。

　　根据表 4-5 可知，花岗岩和任楼煤矿顶板砂岩破裂过程中较大概率的产生了宏观发光现象，而在大理岩破坏过程中始终未发现这种闪光现象，同时张双楼煤矿顶板砂岩由于强度不够也未发现闪光。遗憾的是，本次试验仅采集了任楼煤矿和张双楼煤矿的顶板砂岩岩样，对强度不能做定量表征。从第 3 章的岩性分析可知，砂岩的胶结物为硅质胶结时，其强度往往能达到要求；同时，当石英含量达到 50% 以上，其放电效果明显。研究表明，压电效应在岩石破裂产生闪光过程中占据重要作用，大理岩的强度和花岗岩的强度相差不多，但始终未检测到电火花，这并不是大理岩没有产生光效应，然而，是大理岩的尖端放电机制产生的高能电子不足以将空气介质击穿、产生电弧效果，也不能捕捉到肉眼可见的闪光。而富含石英的花岗岩和砂岩则由于压电场的加持，尖端释放高能电子将周围介质电离甚至击穿。实际上，Brady 等[32] 没有测试截止到紫外线的范围，而

106

大多数原子电离物质都是在紫外线中辐射的。因此,他们未能检测到电离物质的产生,而将光的发射归因于特定原子水平的激发,即通过外电子轰击;同时,他们也观测到了至少 23 eV 能量的强辐射。因此,如果他们的假设是正确的,那么空气的碰撞电离应该能够发生,因为分子氮和分子氧的电离电位分别是 15.6 eV 和 12.2 eV;同时,如果岩石破碎发光发生在瓦斯-空气预混气体氛围中,那么甲烷和氧气的电离也同样会发生。

Kato 等[169]引入了低应力和高应力两个术语。其花岗岩试验结果(图 4-21)认为,岩石断裂发光可以分两个过程:轰击过程在低应力状态下占主导地位,导致微弱的背景发光,而压电在高应力状态下工作并产生亮点。试验所用的高速相机没有足够的灵敏度来记录 Brady 等[32]和 Kato 等[169]给出的试验现象,或者类似于 Martelli 等[117]观察到的光谱,所以不能排除给出本试验条件下不会出现较弱的发光,只是高速摄像机检测不到。但是,上述文献的研究人员的设备不能捕获亮度的变化,而本研究试验中在不同距离观测到的闪光是一个新的发现。

图 4-21　粗粒花岗岩压裂发光图

由不同岩石的产电特性试验结果可以得知,压电效应在低应力状态也会产生作用,且灵敏度极高。因此,Kato 等[169]提出在高应力状态下压电效应才会产生作用的假设不符合本研究的试验结果。从 4.1 节可知,尖端放电过程中的压电效应有着重要作用,它在整个加载过程中一直存在,但其产生的是束缚电荷。由于岩石中压电晶体先天杂乱无章和分子热运动的影响,这种电荷一般并不能产生放电,但可以产生压电场,引起岩石裂隙表面蓄电。裂隙附近区域静电场增强,引起电荷扰动,产生外电子轰击,从而形成微弱的背景发光,亦能检测到光谱的形成。当微裂隙扩展到可以形成尖端放电条件时,岩样中的压电晶体随之破坏,压电晶体周边的束缚电荷转变为自由电荷;同时,随着压电电场的突降,形成极高的电压差,自由电荷获得高能量,这时这种高能量电荷足以将周围环境介质击穿,将介质电离,同时产生光。因此,岩石的压电效应在岩样的破裂发光过程中始终发挥重要作用。孙正江等[158]在进行岩石单轴压裂过程中两次观察到一小块碎石带着亮光从标本上飞出,飞行时间约 0.1 s,距离 1 m 左右,他们认为飞出的岩块表面带电,这些电荷所形成的电场足以击穿空气,同时产生电火花。而 Brady 等[32]观察到的原子和分子跃迁的能级表明,外电子激发机制可获得的最小值为 23 eV。通过岩石破裂解离水分子而产生的原子和分子氢表明,在流体或气体饱和的岩体的断裂会产生化学作用。另外,据 Brady 等[32]推测在压裂岩体中发生的外电子发射可能导致甲烷的离解,从而产生氢气,并且在适当的条件下可以点燃气体引发爆炸。

除了岩石中石英晶体起到重要作用以外,岩样尺度是岩样破裂时能否发光的另一重要因素。由此可见,光的本质是原子能级的跃迁,而加载过程中的应变能则是这种跃迁的最初能源。加载过程中,部分机械能转变为电场能,再转变为光能,即所谓的场致发光。在实验室试验中,我们曾做过 $\phi 25$ mm$\times 40$ mm 的小圆柱岩样,无论是花岗岩,还是煤矿顶板砂岩,其破裂过程均未发现宏观闪光,当然不排除有微弱闪光。在煤矿工作面回采过程中,当顶板发生垮落时,煤矿顶板砂岩破断能量主要取决于顶板的破断长度,煤矿顶板砂岩瞬间破断的长度越大,说明其能量也越大。因此,当煤矿顶板砂岩受压产生的破裂具有一定长度,此时由微裂隙沟通而产生的自由电荷才更多,由压电效应在裂隙两壁产生的电荷才能积累到一定量值。在煤矿顶板砂岩失稳破断时,这两种效应积累的裂隙两侧的电场才足够高,并产生外电子轰击,进而击穿、放电、发光。

综上所述,本书认为:试验过程中岩石压裂产生的这种闪光不是摩擦热光源,而是一种电火花,而岩石的压电效应成为电火花强度或能否产生电火花的关键性因素。即使外电子轰击激发产生的微弱发光,也足以对介质产生电离效应,而强电压产生的电火花可能对周围介质产生击穿效应,从而将介质电离,发生化学反应。

4.2.5 基于可见光图像的放电特性

根据 4.2.4 小节的分析可知,岩石破碎过程中出现的闪光实际上是电火花,通过尖端放电将空气电离,产生自由电荷,并释放光子,形成闪光。高速摄像机拍摄到的电火花图像为数字图像,对其放电图像进行定量研究,为岩石破裂放电的研究提供新的观察角度。

试验中得到的火花放电可见光图像是 RGB 图像,具体见相关文献。由 3 个基色分量叠加而形成,分别为 R 分量、G 分量和 B 分量。图 4-22 为任楼煤矿顶板砂岩破裂时发光的真彩图 R、G、B 分量图像。从图 4-21 可知,R 分量图像与原图视觉上较为接近,G 分量图像可以突出显示煤矿顶板砂岩破裂时放电最强烈的位置,而 B 分量图像可以将煤矿顶板砂岩破裂时电火花亮度较小的放电点显示出来。

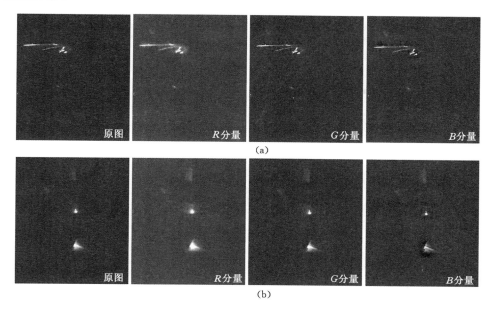

图 4-22　任楼煤矿顶板砂岩破裂放电图像的 RGB 分解示意图

可以将彩色图像灰度化，灰度级 f 表示通过给 R 分量、G 分量和 B 分量 3 个基色分量图像素点的灰度级赋予不同的比例而得到合成后的灰度图。灰度级可以表示为：

$$f = 0.299R + 0.587G + 0.114B \tag{4-13}$$

彩色图像的存储数据以像素点对应的灰度级保存在 R、G、B 三维空间中，提取单维空间的灰度级数据，即可实现三基色图的分离。区域内有 $m \times n$ 个像素点数组成，m 代表纵坐标像素点数，n 代表横坐标像素点数，其主要分析指标为灰度级。平均灰度级表示的是放电区域内所有像素点灰度级的算术平均值，其表征的是气体放电的平均强度，即：

$$\text{AGL} = \frac{1}{mn} \sum_{x=0}^{m-1} \sum_{y=0}^{n-1} f(x,y) \tag{4-14}$$

分析花岗岩和任楼煤矿砂岩破裂过程中导致的气体放电随时间的变化关系，如图 4-15 和图 4-16 所示。将图中不同时间段的彩色图像进行等像素处理，这里均设置为 240，即 m 和 n 均为 240。由式(4-14)可以求得这个时间火花彩色图像的的平均灰度，用于表征气体的平均放电强度。

图 4-23 为岩石破裂彩色图像的平均灰度随时间变化图。从图 4-23 可知，不管是花岗岩，还是张双楼煤矿顶板砂岩，在开始产生放电时，其强度较低，而空气分子数受到高场强的影响较少。随着时间的推移，除了岩石破裂产生的

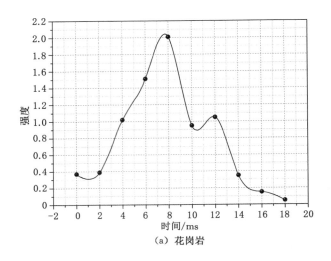

（a）花岗岩

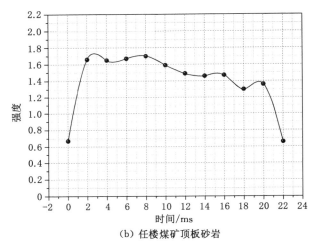

（b）任楼煤矿顶板砂岩

图 4-23　岩石破裂彩色图像的平均灰度随时间变化图

外电子轰击和高场强作用外，气体分子热运动加剧，电子与分子间的碰撞放电加强，彩色图像的平均灰度值也加强，如图 4-23（a）中花岗岩破裂导致的放电。随着时间的增加，气体平均放电强度逐渐增强，而图 4-23（b）中任楼煤矿顶板砂岩破裂导致的放电在 2 ms 后出现急剧增大的现象，随后保持较高的平均放电强度。由花岗岩的破裂导致的平均放电强度最大值较任楼煤矿砂岩的要高，但其高放电强度保持的时间较任楼煤矿顶板砂岩的短。随后，平均放电强度急剧下降，这时，岩石完全破裂，微裂隙形成的大量电荷较少以及压电效应的减弱，使得电场强度不能维持电荷的高速运移，气体电离强度亦减弱，同时光强也减弱。总体来说，对可见光图像进行 RGB 图像处理可以有效地反映岩石破裂过程中导致的气体放电特征。

4.3 煤矿顶板砂岩电效应引燃瓦斯致灾机理

下面提出的致灾机理是基于实验室研究获得的数据。研究表明,煤矿顶板砂岩在压力作用下在一定机制下产生电荷,变成一个"电池",并在一定条件下形成尖端放电、电离气体,从而引起瓦斯爆炸。该机理可广泛应用于采空区的瓦斯爆炸真实点火源。尽管这些点火致灾模式趋于理想化,却能足够地接近现实状况,从而揭示采空区频发的瓦斯爆炸真正点火源。因此,鉴于新发现的电效应引起瓦斯爆炸现象及实验室数据推断,下面提出煤矿顶板砂岩起电放电引燃瓦斯致灾机理,为更好地预防采空区瓦斯爆炸提供理论基础。

4.3.1 顶板砂岩破裂放电对预混瓦斯爆炸气体的电离效应

（1）气体电离放电

由于岩石破碎过程中的发光属于气体介质的放电现象,因此无法将摄影图像的颜色分解成独特的波长。可以看出,可见光的主要颜色为红色和黄色以及少量的蓝紫色。这些颜色都是气体受电离后产生的不同颜色的光,而不同气体电离的发光颜色不同,其中氩气为蓝色,氮气为红色,氧气为黄色。因此,根据图 4-13 至图 4-20 可知,岩石破碎过程中尖端放电过程使得空气发生了电离,产生不同颜色的光。Kato 等[169]认为,岩石破碎形成的光是氮气电离形成。

气体的原子或分子都是不带电的。带电粒子所带电荷与气体分子中的核外电子间会产生库仑作用力（吸引或排斥）,当气体分子与带电粒子距离很近时,相互作用很强,有可能使气体分子的一个核外电子被拉出来,离开原来的分子而独立运动。原来是中性的气体分子成为一个带负电的电子和一个带正电的正离子,这种现象叫作气体的电离。因为带电粒子射入气体后将前进一段路程,在它经过的途径上将会发生一系列的电离现象,产生了很多电子-正离子对,直到辐射粒子能量逐渐消耗到低于气体分子的电离电位时,电离作用才告结束。被电离出来的电子与其他中性分子碰撞时可能和中性分子结合,成为负离子,但这种机会是相当少的,因而气体电离后主要是产生电子与正离子。

在气体放电形成的多种粒子（等离子体）中,存在有基态原子或分子、激发态原子或分子、亚稳态原子或分子、电子、正离子、负离子、激发态离子和光子等,任何一个粒子都可能与其他粒子发生相互作用,促使不同粒子之间相互交换能量、动量或电荷,从而引起相关粒子发生激发、电离、离解、附着、转换、复合等各种作用。

碰撞可分为弹性碰撞与非弹性碰撞两类。由于电子与中性粒子发生弹性碰撞时损失的能量非常小，因此对活性粒子产生起主要作用的是非弹性碰撞。发生非弹性碰撞时，粒子内部的能量和结构也发生变化，碰撞后粒子的总动能低于碰撞前的总动能，缺损的动能转化为粒子总势能的增量。

如图 4-24 所示，电子与其他粒子的碰撞过程可分为 3 个过程。具体介绍如下：

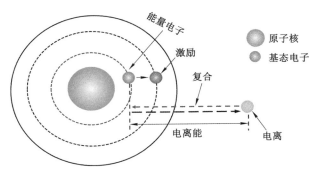

图 4-24　电子碰撞过程示意图

① 激发过程。在该过程中，高能带电粒子激发中性原子，使束缚于轨道上的电子进入高能态。些激发态的中性原子通过发射线状辐射而消耗能量，这是气体产生能量损失的一种重要机制。如果参与碰撞的中性粒子是分子，就可能会引起分子离解。在离解过程中，与高能带电粒子碰撞的分子分裂成一个或多个成分。

② 电离过程。在这个过程中，中性原子或分子与离子或电子发生非弹性碰撞，结果造成一个或多个电子完全脱离原来的原子或分子。中性粒子的电离过程同样可导致大量的能量消耗。

③ 复合过程。如果只有少部分气体被电离，就有可能出现大量粒子的复合。复合由一个电子和一个离子形成一个中性原子或分子，为保持复合过程中的能量与动量守恒，复合过程必定会释放能量。

当电子动能 E_e 大于电离能 W_i 时，发生电离，即：

$$\frac{1}{2}m_e v_e^2 > W_i \tag{4-15}$$

根据现有试验研究可知，岩石破裂过程中形成的高场强使得岩石周围的氮气和氧气发生了电离，产生气体放电，即空气击穿。N_2 在大气压下经激发、离解和电离等一系列物理过程，产生一系列激发态的分子和分子离子等粒子。N_2 放电产生粒子的主要过程：

① 电子 e 撞击 N_2 分子得到一个电子 e 和两个 N 原子，其反应方程式为：

$$e + N_2 \longrightarrow e + N + N \tag{4-16}$$

电子 e 撞击 N_2 分子得到两个电子 e、一个 N^+ 离子和一个 N 原子,其反应方程式为:

$$e + N_2 \longrightarrow 2e + N^+ + N \tag{4-17}$$

电子 e 撞击 N_2 分子得到两个电子 e 和一个氮气正离子 N_2^+,其反应方程式为:

$$e + N_2 \longrightarrow 2e + N_2^+ \tag{4-18}$$

氮气正离子 N_2^+ 撞击 N 原子得到一个 N_2 分子和一个 N^+ 离子,其反应方程式为:

$$N_2^+ + N \longrightarrow N_2 + N^+ \tag{4-19}$$

氮分子被激励后从高能级跃迁回低能级需要释放出能量——光子。不同波长的光子就形成了光谱,放电通道之所以能够发出光谱来,正是由于粒子跃迁的结果。

由于氮分子中存在叁键 $N \equiv N$,所以氮分子的稳定性很高,一般需要吸收941.69 kJ/mol 的能量才能将其分解为原子。氮气的相对分子质量为 28,是当前已知的双原子分子中最稳定的。氮气的电离能 15.55 eV,氧气的电离能为12.07 eV,这里只阐述 N_2 的电离过程,因为氧气电离能较氮气更低。大量的试验研究表明,岩石破裂过程中产生的强电场,能产生大量大于 23 eV 以上的电子,有的甚至检测到 MeV 级别的电子。当然,这种高能量的电子较少,试验中RL 矿顶板砂岩和花岗岩破裂过程中的电能能使氮气和氧气发生电离,同时释放出光子,形成不同颜色的闪光。

(2)甲烷气体的电离及化学反应

煤矿采空区中甲烷属于较轻的气体,易于与顶板接触,顶板破裂过程中产生的强电场,必然会对甲烷产生电离作用。CH_4 分子呈正四面体构型,如图 4-25所示,C 原子位于四面体的中心,H 原子位于四面体的顶点,C—H 键的键角都相同($109°28'$),所以 CH_4 是稳定性、对称性较高的分子。

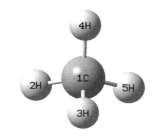

图 4-25 CH_4 分子结构示意图

在强电离放电电场中,电子从电场获得的平均能量大于 10 eV,足以使大部

分 CH_4 分子电离离解。CH_4 分子的 4 个 C—H 键的离解能都比较低,均不超过 4.6 eV,即:

$$CH_4 \longrightarrow CH_3 + H \quad 4.5 \text{ eV} \tag{4-20}$$

$$CH_3 \longrightarrow CH_2 + H \quad 4.6 \text{ eV} \tag{4-21}$$

$$CH_2 \longrightarrow CH + H \quad 4.6 \text{ eV} \tag{4-22}$$

$$CH \longrightarrow C + H \quad 3.5 \text{ eV} \tag{4-23}$$

若要使 CH_4 分子中 2 个或 2 个以上的 C—H 键同时断裂则需 9.36 eV~ 17.24 eV 的能量,即:

$$CH_4 + e \longrightarrow CH + 2H/H_2 + 9.36 \text{ eV} \tag{4-24}$$

$$CH_4 + e \longrightarrow CH + H_2 + H + 13.73 \text{ eV} \tag{4-25}$$

$$CH_4 + e \longrightarrow C + 2H_2 + 17.24 \text{ eV} \tag{4-26}$$

从上面机理分析可看出,岩石破裂过程中形成的电子,在压电场和尖端电场形成的高电场作用下,将获得能量变成高能电子,这些高能电子通过非弹性碰撞传递能量的方式,使甲烷分子电离进而释放出电子,导致电子呈"雪崩"式增加。由于高能电子的能量可高于 17.24 eV,因此自由基和 H 是最先形成的。随后自由基在高能电子轰击下进一步脱氢,一方面形成碳和碳氢化合物,另一方面可形成其他烃。由此可知,若需将甲烷分子电离,则需要的电子能量较低。

(3) 甲烷和氧气混合气体的电离

当周围介质是氧气和甲烷时,强电离放电作用下,高能电子与 CH_4 分子发生非弹性碰撞,引发甲烷分子中的 C—H 键逐次断裂,生成甲基自由基 CH_x ($x = 1 \sim 3$)。同样地,高能电子与氧气发生非弹性碰撞,激发基态氧分子到高能态氧分子,并随之离解成活性氧原子,与甲烷分子和甲基自由基发生自由基反应。其电离过程如下:

$$O_2 + e \longrightarrow O_2^* + e \longrightarrow 2O \cdot + e \tag{4-27}$$

$$O \cdot + O_2 \longrightarrow O_3 \tag{4-28}$$

$$O_3 + e \longrightarrow O_3 \cdot \tag{4-29}$$

$$CH_4 + O \cdot \longrightarrow \cdot CH_3 + \cdot OH \tag{4-30}$$

$$CH_4 + O \cdot \longrightarrow \cdot CH_2 + H_2O \tag{4-31}$$

$$\cdot CH_3 + O \cdot \longrightarrow \cdot CH_2 + \cdot OH \tag{4-32}$$

$$\cdot CH_3 + O \cdot \longrightarrow \cdot CH + H_2O \tag{4-33}$$

$$\cdot CH_2 + O \cdot \longrightarrow \cdot CH + \cdot OH \tag{4-34}$$

$$\cdot CH_2 + O \cdot \longrightarrow C \cdot + H_2O \tag{4-35}$$

$$\cdot CH + O \cdot \longrightarrow C \cdot + \cdot OH \tag{4-36}$$

$$H \cdot + O_2 \longrightarrow O \cdot + \cdot OH \tag{4-37}$$

$$H \cdot + O_3 \cdot \longrightarrow HO_3 \cdot \qquad (4\text{-}38)$$

$$HO_3 \cdot \longrightarrow O_2 + \cdot OH \qquad (4\text{-}39)$$

大量的·OH与甲烷及甲基自由基反应生成含氧碳氢化合物,同时甲烷被激发和电离出的自由基相互发生反应,生成C_2H_2、C_2H_4、C_2H_6等气态烃。因此,随着O_2的加入,生成的H·和O·自由基浓度随之升高,并且生成大量的·OH自由基。由甲烷燃烧爆炸链式反应的24步反应机理可知,这3种自由基是链式反应能否自发进行的决定因素。当形成的这些自由基足量时,链式反应自发进行,产生大量的热量,瓦斯就会被点燃。

（4）富水氛围中的甲烷氧气电离反应

在调研大量煤矿瓦斯事故时发现,有一个共同特点——采空区水分含量很高,如八宝煤矿属于水采工作面,任楼煤矿事故前对采空区进行了大量探放水。当井下混合气体中含大量水分时,水分子被高能电子离解、激发、电离并产生自由基。其反应式如下:

$$2H_2O + e \longrightarrow H_2O^+ + H_2O^* + 2e \qquad (4\text{-}40)$$

$$H_2O^+ + H_2O \longrightarrow H_3O^+ + \cdot OH \qquad (4\text{-}41)$$

激发态的水分子又可以与甲烷、氧气、活性氧原子和甲基自由基发生自由基反应。由此可知,水分的加入导致电离过程中加入大量的自由基,使得各粒子之间的相互作用加剧,有助于引燃瓦斯,引起瓦斯爆炸。

综上所述,对混合气CH_4、O_2、H_2O放电会产生大量的粒子。其中,有离子（如CH_4^+、CH_3^+、CH_2^+、O_2^+、O^+）,有活性自由基（如H·、O·、·OH、$HO_3 \cdot$、·CH、$\cdot CH_2$、$\cdot CH_3$等）,有激发态分子和原子;有中间组分（如烷烃和氢气）,有中间氧化物（如CH_2O、CH_3OH、CH_3O等）,有最终氧化物（如CO、CO_2、H_2O等）,每一种粒子都在生成和消耗。如图4-26所示,在ns级时间尺度下,电子碰撞分子使其电离、离解、激发产生大量活性粒子。在μs级至ms级时间尺度下,主要发生离子-分子、活性自由基-分子、激发态分子退激等反应,使得离子、活性自由基、激发态分子的数量减少。当氧气含量足够时,即在爆炸极限范围内时,电离作用能生成大量的O·,而O·与各类中性分子的反应都是非常快速的化学反应过程,使得自由基形成链式反应。在μs级至ms级时间尺度下,温度瞬间升高,CH_4被成功点燃;而在岩石破裂产生的电火花中,火花持续时间往往在10 ms以上。因此,这个时间维度的电火花足以使得CH_4电离形成大量自由基并使链式反应自持,最终引发瓦斯燃烧爆炸。

4.3.2 采动过程中顶板岩石的"电池效应"

由于地应力的作用,井下煤层的开采活动破坏了上、下部岩体的应力平衡,

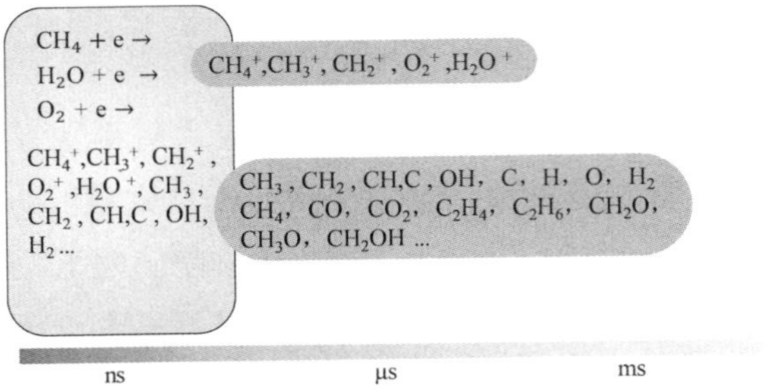

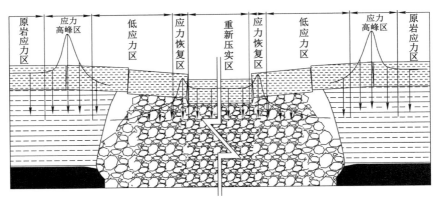

$CH_4 + e \to$
$H_2O + e \to$
$O_2 + e \to$
$CH_4^+, CH_3^+, CH_2^+, O_2^+, H_2O^+$
$CH_4^+, CH_3^+, CH_2^+, O_2^+, H_2O^+, CH_3, CH_2, CH, C, OH, H_2$...
$CH_3, CH_2, CH, C, OH, C, H, O, H_2, CH_4, CO, CO_2, C_2H_4, C_2H_6, CH_2O, CH_3O, CH_2OH$ ...
ns
μs
ms

图 4-26　各种粒子反应的时间尺度

随着采煤工作面的推进，采场空间和位置在变化，采场顶板覆岩受力、裂隙发育与扩展也随着时间和空间的变化而变化，而这个过程也伴随着电荷的产生和释放。

在初采阶段，从开切眼开始，随着采场不断向前推进，采空区悬露空间不断加大，原采动区域上覆岩层载荷通过岩梁传递到两侧岩体上，形成应力集中峰值，采动影响范围随工作面的推进由煤层顶板不断向上覆岩层扩展，如图 4-27 所示。此时顶板岩层的应力变化过程是缓慢的，也是一个蠕变过程，且处于顶板砂岩的线弹性阶段，由于顶板的变形产生的压电效应会形成较强的电信号，且岩体中形成的移动电荷较少，因而不会有电荷的积聚，向外释放的静电可以忽略不计。

原岩应力区
应力高峰区
低应力区
应力恢复区
重新压实区
应力恢复区
低应力区
应力高峰区
原岩应力区

图 4-27　采空区覆岩应力分布

随着工作面的推进，在工作面上方低应力区悬空的两端会出现应力集中，如图 4-27 所示。尤其是位于采空区的应力恢复区，一般在工作面后方 40 m 左右（根据基本顶而定），砌体梁的作用使得采空区的矸石和浮煤难以很好的压实，从而导致该区域长时间漏风，易形成预混瓦斯区域；同时，应力集中使得顶板岩体易发生破裂，成为极易放电点燃瓦斯的区域。

　　基本顶由于岩层较厚而坚硬,石英含量较高,能悬空很大面积,垮落时矿压显现强烈或极强烈,形成初次来压。基本顶初次来压后,随着工作面继续推进,基本顶每悬露一定距离后,就会发生一次断裂及来压现象,形成断距基本相同的周期性来压,如图 4-28 所示。

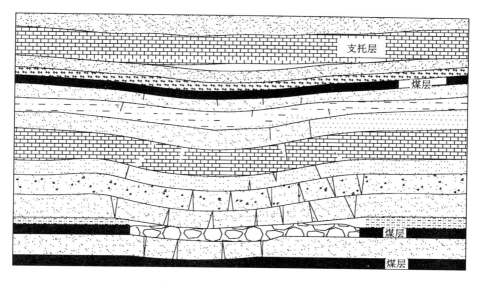

图 4-28　顶板周期来压示意图

　　不管是初次来压,还是周期来压,基本顶岩石中的地应力将逐渐增加,并超过岩石所能承受的极限,岩石开始产生大量的微裂隙。在这些微裂隙未沟通之前,微裂隙中是没有水的,但并不是绝对真空,这些微裂隙吸纳了大量自由电子。于是,在应力集中区或者弹性向塑性区转变的临界区域形成的这些大量的微裂隙便成为岩石体中一个个"带电导体"。更为重要的是,关键层中的石英颗粒由于形变的发生而聚集了大量的束缚电荷,这些石英颗粒及其周边的束缚电荷也构成了岩石体中大量的"带电导体"。在起电的初期,往往这些石英颗粒和微裂隙形成的"带电导体"位于采空区基本顶的应力集中区或弹性向塑性区转变的区域。

　　通常情况下,煤矿顶板砂岩不含水时属于电绝缘体。一方面,其不含或含少量自由粒子;另一方面,岩石中含大量微小的原生裂隙,阻碍了电荷的自由移动。而在采动过程中,随着地应力的增长和煤矿顶板岩石的力学结构已有局部损坏的大背景下,微裂隙群便会相继或交错地发生数量增加、单体扩大、互相沟通、体积压缩以及完全闭合等力学的随机和反复的过程。另外,含石英岩石在应力变化过程中,石英颗粒周边实现束缚电荷的聚集、释放。所有这些过程都有利于裂隙尖端中电荷的"富集",好像有一种无形的充电器为之充电,这种充电能量的来源在于地应力的变化,顶板砂岩应力集中区像一个巨型电池,这里可称之为"电池效应"。

随着工作面的继续推进,应力进一步集中,导致单个微裂隙继续扩大和裂隙数量的增加,微裂隙之间的沟通加剧,但并不一定能够增加微裂隙的总体积,微裂隙之间的沟通只能增加自由电子的密度和总量。另外,煤矿顶板砂岩,尤其是基本顶岩石,由于应力的作用出现弯曲下沉,但没有出现宏观位移的破坏现象,表面出现的微小裂隙使得聚集于裂隙尖端的电荷可以随机放电,但这种放电不强烈。在这种破裂的微孔隙中,自由电荷的分布服从尖端原理,即电荷密度及场强与曲率半径成反比,高浓度的自由电荷集中在裂隙两端。此时,微裂隙的进一步沟通意味着岩石的破坏逐渐形成,也意味着顶板垮落带和裂隙带的逐步形成,放电开始。

"微裂隙尖端"就是顶板岩石中"带电导体"的尖端,汇集了大量的自由电子。当然,微裂隙中电子和离子的产生与富集过程都是"离化-复合"的动态过程,而且电子在裂隙尖端富集,从而在尖端产生了极高的电位和极大的场强。微裂隙是梭状长条形"导体",沟通后的微裂隙则成为更长的条形导体,这种导体的两端又是尖端,在尖端内可以汇集大量电子,而尖端外的岩石介质中、电场又是最强的,尖端处的石英颗粒由于应力的突变,束缚电荷失去压电场的束缚而成为自由电荷,在尖端处汇集,这些状态都为"尖端放电"提供了优越的条件。一旦某个或部分裂隙中的电位和尖端点外的场强增加到足以放电的水平时(大气放电电场强度 $E \approx 1 \times 10^6$ V/m),微裂隙尖端的电荷便开始向邻近气体分子,进行强烈而短暂的"雪崩"式放电,如果范围足够大,那么可形成类似的"地下雷电"现象。在岩体裂隙边缘,放电便不断发生,若形成瞬间破断面,则放电激增,形成火花放电;若处于预混瓦斯气体中,将可燃瓦斯气体电离,则会引发瓦斯爆炸。

4.3.3 顶板岩石变形破断引燃瓦斯致灾模式及影响因素分析

顶板岩石由于释放大量电子,并且与气体分子碰撞形成电离,造成气体分子大量放电,产生的部分电荷聚集于因释放电子使得表面集中大量正电荷的岩石表面,如图 4-29 所示。因此,岩石表面电位会出现快速下降,这与本书第 2 章的试验结果一致。如果气体分子是氧气、甲烷、水分的混合爆炸气体,则会发生自由基的链式反应,形成局部点高温(大气放电参考值为 20 000 ℃),瓦斯燃烧爆炸形成。

放电最初可能只发生在个别的点、局部区域和很短的距离之间,称之为"短距放电"阶段,如图 4-13 和图 4-14 所示。此时火花出现在岩石表面,这种放电由于持续时间较短,不足以引起瓦斯燃烧爆炸的自持链式反应的。然而,随着放电规模扩大,放电距离和范围也从几毫米、几厘米扩大到几分米,形成所谓的"放电

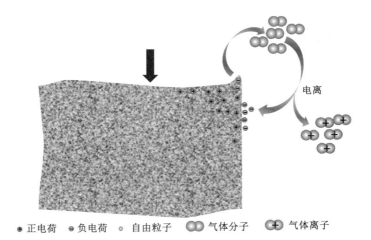

电离

● 正电荷　● 负电荷　● 自由粒子　⬤⬤ 气体分子　⊕⊕ 气体离子

图 4-29　顶板岩石放电致灾模式

通道"。这个放电通道就是潜在的和即将产生的破断点所在,也就是即将发生周期来压的位置,如果此时刚好有预混好的处于爆炸极限内的瓦斯空气,瓦斯就会燃烧爆炸。研究表明,放电会使大量自由电子的电位能转化为动能,并冲击通道中岩石的分子,然后转化为热能,再在放电通道中产生高温,使放电通道中的岩石电离解体,形成"熔融岩浆"。不管是气体放电,还是形成"熔融岩浆",都足以点燃预混瓦斯爆炸气体,甚至产生瓦斯爆炸。

在煤矿井下开采过程中,顶板会发生周期来压,甚至产生岩爆,其中的静电释放会伴随着周期来压、岩爆(冲击地压)过程。但并不是每次周期来压或岩爆都会形成瓦斯爆炸,因此会有众多影响因素。

(1) 力学变化特征

从试验现象可知,电信号的产生与应力水平的大小无绝对关系,与应力的变化率直接相关。因此,在采动过程中,采空区顶板发生的蠕变和应力集中,会由于压电效应而产生较高的电压信号,但不会产生较多的自由电荷,因而也就不会有大量的自由电荷聚集。其形成的放电只是在岩石表面的电荷逃逸,对周围介质不会产生电离效应。而在顶板岩石在来压时,由于大量微裂隙产生的自由电荷以及压电效应形成的高场强,在岩石产生宏观破裂时,岩石应力出现突变或者冲击作用,自由电荷由于尖端效应而产生"雪崩"式放电,击穿周围介质,形成电离。因此,高应力变化形成的顶板岩石失稳是形成尖端放电、电离预混气体、从而形成瓦斯爆炸的影响因素之一。

(2) 岩石性质

顶板岩石多是沉积岩,以砂岩居多,常见泥岩和页岩。砂岩最为常见的矿物是石英,石英除了强度高以外,还有另外一个特性——能产生压电效应。因此,砂岩中石英含量决定了抗压强度的上限,同时能决定岩石的产电特性。由于岩石成分的复杂性,顶板砂岩的石英含量与产电特性不能形成定量关系,但从试验可知,石英的存在显著增强了砂岩的力电敏感性和砂岩破裂时的放电强度,其电离效应也就更强,因而其破裂时引燃瓦斯的可能性也就更大。

(3) 抗压强度

顶板岩石的抗压强度决定着岩石能量系统可以积聚的应变能。抗压强度越高,能承受的外界能量越高,同时积聚的应变能越高,破裂时产生的应力突变也就越大,释放的电能也就越高。顶板岩石的抗压强度除与岩石矿物有关外,还与其胶结物有关。顶板岩石中石英和云母的抗压强度最强,而在胶结物中,硅质胶结物能承受的应变最强,其次为钙质胶结和泥质胶结。因此,硅质胶结的石英砂岩形成的顶板砂岩其抗压强度最强,尤其是石英砂岩,其石英含量高达90%以上,最容易引起瓦斯爆炸。

(4) 空间位置

采空区的瓦斯爆炸取决于同时存在的两个随机且独立的促成因素——点火源和爆炸性气体混合物。一般来说,采空区坚硬顶板砂岩属于基本顶,距离采空区垂直方向较远,此空间下采空区的气体处于静止平衡状态,且氧气浓度较低,而又由于甲烷密度较轻,更容易靠近坚硬顶板,覆岩形成的裂隙成为甲烷的渗流通道。在此通道中,甲烷是主要气体,即使顶板砂岩破裂形成火花,也只是将甲烷电离成氢气和其他烃类气体,而不会产生瓦斯爆炸。若煤层上方即坚硬顶板,采空区由于漏风易甲烷形成混合爆炸性气体,而此时坚硬顶板又刚好产生电火花,瓦斯就会被点燃。因此,顶板砂岩电效应引燃瓦斯是预混瓦斯气体和顶板砂岩破裂放电的时空耦合。

(5) 尺寸效应

在现有文献报道中,目前还没有对不同尺寸岩样的产电、放电特性进行深入研究,只是对更小尺寸的岩样的火花产生情况做了试验研究。可以肯定的是,小试样在单轴加载情况下很难产生电火花。因此,也可以推断,岩石的尺寸效应对产电、放电特性有影响。而根据已有地震研究报道可知,放电通道可以达到几十米,几百米甚至几千米,对于特大地震,最长甚至可以达到数十、上百千米。Freund 等[135]认为,地震时产生的电晕放电足以到达大气层,形成电磁扰动、并产生地震光。虽然没有研究报道验证顶板砂岩产电、放电的尺寸效应,但大范围的顶板岩石破裂,岩石系统瞬间释放的能量更强,转换成电能更多,因而尺寸效应是影响顶板砂岩电效应致灾的重要影响因素。

(6) 水的含量

当岩石中水的含量充足时,岩石变成导体,电荷可以自由移动,不易形成尖端聚集,放电时不会产生集中放电,因而不易电离瓦斯混合气体,也就不会产生瓦斯爆炸等灾害。因此,使岩石保持充足的水分是预防顶板电效应引燃瓦斯的重要方法。

4.4 本章小结

本章首先设计不同岩体放电试验,利用平板电容器捕获释放的电荷,揭示不同岩体受载变形破坏过程中的放电规律;其次利用高速摄像机捕捉不同岩体破裂过程中的火花产生规律,揭示岩石破裂过程中对气体的击穿效应;最后研究顶板砂岩破裂对瓦斯-空气预混气体的电离效应,揭示顶板砂岩电效应致灾模式。主要研究结论如下:

(1)不管是低速加载,还是高速加载,岩样在主破裂之前,电压值均较小,都没有表现出双波峰规律,与力致电压相比小一个数量级。在岩石破裂失效时,会产生一个瞬态的、非连续的且激增的放电电压。

(2)岩石大量裂纹同时产生,岩石破裂失稳,宏观表现为岩石破碎,达到抗压强度。此时由于尖端放电形成的场强,而且石英晶体的破裂使得压电效应的突然消失,产生极高的场强。经过计算,其场强远远超过空气的击穿强度。

(3)3种岩样均有尘云(由精细研磨的岩石颗粒组成)产生,而且尘云的形成是在冲击期间形成,而不是沿着裂缝(断层)表面摩擦滑动的结果。因此,3种岩样的破裂过程具有爆炸性。

(4)发光现象只出现在含石英岩样(花岗岩、任楼煤矿顶板砂岩)的破坏过程中,大理岩和张双楼煤矿顶板砂岩的破裂过程无宏观闪光发生。岩样的发光的方向不具有规律性,不同岩样的发光方位各不相同,较强闪光持续时间通常超过 10 m。

(5)在试验过程中,岩石压裂产生的闪光不是热光源,也不是冷光源,而是一种电火花,因而岩石的压电效应成为电火花强度或能否产生电火花的关键性因素。即使是外电子轰击激发产生的微弱发光,也足以对介质产生电离效应,而强电压产生的电火花,则可能对周围介质产生击穿效应,更容易形成电离。

5 采空区顶板电效应引燃瓦斯致灾特征

煤自燃作为点火源,其特点是具有明显的前期征兆,点燃瓦斯的温度应达到650 ℃。虽然表面上煤自燃已达到明火燃烧的状态,但煤在 200 ℃以上时就会出现大量烟雾和强烈的煤焦油味,实际为煤燃烧状态。然而,大量采空区瓦斯爆炸事故在前期未出现任何煤自燃征兆,很难认定真实点火源。本章结合现场事故案例,对事故案例进行深入的分析调研,并利用 FLAC3D 软件分析顶板砂岩在采动过程中的应力演化规律,探索顶板采空区电效应致灾规律,分析采空区瓦斯爆炸的真正点火源。

5.1 皖北任楼煤矿瓦斯爆炸事故概况

5.1.1 矿井概况

任楼煤矿隶属皖北煤电集团控股的安徽恒源煤电股份有限公司,位于安徽省宿州市西南 30 km 处。矿井设计生产能力 150 万 t/a,1997 年 12 月投产,后经技改扩建 2010 年核定生产能力 280 万 t/a。

该矿井有两个可采煤组,分别为 3_1 煤和 5_1、7_2、7_3、8_2 煤,其中主采煤层 7_2、7_3、8_2 属于中煤组。矿井为立井分水平主要石门开拓,正在回采的 3 个工作面为 Ⅱ$8_2$22 里段综采工作面、Ⅱ$8_2$56 综采工作面和 Ⅱ$8_2$40 综采工作面,共有 Ⅱ$8_2$22 外段机巷、Ⅱ$8_2$22 外段风巷等 16 个掘进工作面。

矿井相对瓦斯涌出量为 5.486 m^3/t,绝对瓦斯涌出量为 30.48 m^3/min,2009 年升级为煤与瓦斯突出矿井,其中 7_2、7_3、8_2 煤层均为突出煤层,且均为自燃煤层。矿井通风系统为中央边界抽出式,总进风量为 16 464 m^3/min,总回风量为 17 100 m^3/min。矿井安装了两套地面永久瓦斯抽采系统,分别配备两台抽采泵,一用一备;两套系统额定流量分别为 415 m^3/min 和 630 m^3/min。矿井建有地面永久灌浆站,配有两个容量均为 45 m^3 的制浆池,浆液通过 $\phi108$ mm 管路被送至井下,经各回风上山支管及采掘工作面注浆管路被灌注进灌浆地点。

2014 年 3 月 12 日 15 时 09 分,任楼煤矿采后封闭的 $II7_322$ 收作面采空区发生瓦斯爆炸事故,事故造成 3 人死亡、1 人受伤,直接经济损失 898.522 5 万元。

5.1.2 事故地点工作面概况

事故发生在采后封闭的 $II7_322$ 收作面采空区,II_2 采区采用单翼上山开采,采区轨道上山、运输上山和回风上山均布置在 8_2 煤层底板岩层,倾向划分 3 个区段,7_2、7_3、8_2 煤层自上而下共布置了 9 个工作面。事故发生时,第一区段 $II7_222$、$II7_322$ 工作面已回采结束,$II8_222$ 里段工作面正在回采,$II8_222$ 外段工作面和 $II7_224$ 工作面正在准备。

$II7_222$ 工作面走向长平均为 1 714 m、倾斜宽平均为 167 m,倾角为 17°。风巷和机巷分别于 2006 年 7 月和 8 月开始掘进,于 2008 年 4 月贯通。同年 6 月 5 日开始回采,平均开采厚度为 2 m,回采期间检测工作面回风流和上隅角自然发火标志性气体浓度,未发现自然发火迹象。2009 年 10 月 29 日开始封闭作业,12 月 11 日封闭结束,12 月 15 日起向采空区灌注黄泥浆约 2 115 m^3。

$II7_322$ 工作面走向长平均 2 315 m、倾斜宽平均 174 m,倾角 17°。风巷和机巷分别于 2010 年 5 月和 6 月开始掘进,于 2011 年 4 月贯通;2011 年 7 月 14 日开始回采,平均采厚为 2.3 m,回采期间检测工作面回风流和上隅角自然发火标志性气体浓度未发现自然发火迹象,在距离收作线(收作线是指生产周期后停止采煤等工作,进行回采,清理的工作过程)30 m 时起随采随灌注黄泥浆并喷洒阻化剂。2012 年 5 月 1 日分别在风巷和机巷收作线向外 20 m 处各施工 1 道密闭墙(瓦石、水泥、黄沙结构)进行封闭;同时 5 月 5 日起向采空区灌注黄泥浆约 2 340 m^3。图 5-1 为 $II7_322$ 工作面综合柱状示意图。

2013 年 9 月 6 日,在 $II7_322$ 运输石门施工 1 道密闭墙封闭 $II7_322$ 机巷,机巷内瓦斯抽采管路及穿层钻孔一并封闭在密闭墙内。

因 8_2 煤层是突出煤层,$II8_222$ 外段机巷施工前必须进行区域瓦斯治理,消除突出危险。$II7_322$ 工作面收作后,机巷密闭墙向外 210 m 予以保留,作为高抽巷向 8_222 未保护段施工穿层钻孔预抽煤层瓦斯,进行区域瓦斯治理。共施工穿层钻孔 531 个,进行瓦斯抽采。2014 年 2 月 19 日,停止瓦斯抽采。$II8_222$ 外段机巷位于 $II7_322$ 工作面回采区下方。2014 年 2 月 11 日,其前方 $II7_322$ 收作面采空区需要探放采空区老空水,$II8_222$ 外段机巷停止掘进,在工作面迎头施

累厚/m	层厚/m	柱状1:200	岩石名称	岩 性 描 述
26.4	13.5		细砂岩	浅灰色,细粒为主,块层状构造,成分以石英为主,水平层理,钙、硅质胶结
12.9	2.0		粉砂岩	灰色,块状,泥质胶结,其下局部有一薄层泥岩
10.9	1.5		7_2煤及采空区	7_2煤,黑色,煤呈粉末状、碎块状,玻璃光泽,以半亮煤为主,性脆
9.4	7.1		粉砂岩及泥岩	灰色,块状,泥质结构,完整,局部直接底为泥岩
0	2.3		7_3煤	7_3煤,黑色,煤呈粉末状、碎块状,半亮~半暗型,性脆。局部煤层含1~2层泥岩或碳质泥岩夹矸,单层厚度0.05~0.7 m
4.5	2.2		泥岩	灰色,含粉砂质,块状,致密
10.3	5.8		细砂岩	灰色,成分以石英为主,中厚层状,钙泥质胶结,分选中等
15.1	4.8		粉砂岩	灰色,夹灰白色细砂岩条带,薄层状
16.3	1.2		泥岩	灰色,块状,含粉砂和植物化石碎片
19.6	3.3		$8_{2,3}$煤	8_2煤,黑色,以碎块状为主,半亮型,厚约3.5 m,其下为碳质泥岩和8_3煤线
22.1	2.5		泥岩	灰色,块状,中部含粉砂

图 5-1 Ⅱ$7_3$22 工作面综合柱状示意图

工两个探放水孔,集中放水约 500 m³。2014 年 3 月 4 日和 7 日,Ⅱ$8_2$22 外段机巷依次进入Ⅱ$7_3$22 收作面收作线和Ⅱ$7_2$22 收作面收作线下方位置。截至事故发生时,Ⅱ$8_2$22 外段机巷已施工 266 m,分别超过Ⅱ$7_3$22 收作面收作线、Ⅱ$7_2$22 收作面收作线 40 m 和 20 m。

5.1.3 事故发生经过

2014 年 3 月 12 日,中班负责Ⅱ$8_2$22 外段机巷掘进施工的综掘一区 2 队当班出勤 16 人,14 时 10 分到达施工现场,其中 4 人在机巷口工作面迎头运送物料,6人在工作面迎头作业,2人操作带式运输机,其余4人负责设备维护、洒水降尘。15时09分,采后封闭的 $II7_3 22$ 收作面采空区内发生瓦斯爆炸,冲击波冲倒 $II7_3 22$ 运输石门密闭墙,致正在密闭墙外为 $II8_2 22$ 外段机巷运送物料的3人死亡,1人受伤,如图5-2所示。在灾情观测期间(3月15日18时28分,20时18分和22时09分,3月17日17时10分), $II7_3 22$ 收作面采空区先后发生瓦斯爆炸。随后发生了多次瓦斯爆炸,但都未造成人员伤亡,见表5-1。

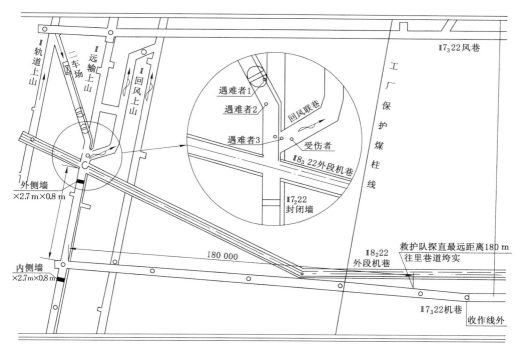

图 5-2　瓦斯爆炸事故现场示意图

表 5-1　$II7_3 22$ 采空区爆炸发生时间

爆炸记录	日期	时间	间隔时间
第 1 次爆炸	3 月 12 日	15:09	
第 2 次爆炸	3 月 15 日	18:28	第 1 次与第 4 次间隔 79 小时
第 3 次爆炸	3 月 15 日	20:18	
第 4 次爆炸	3 月 15 日	22:09	(第 2 次与第 3 次强度很小,未予统计)
第 5 次爆炸	3 月 17 日	17:11	第 4 次与第 5 次间隔 43 小时 2 分
第 6 次爆炸	3 月 20 日	20:05	第 5 次与第 6 次间隔 74 小时 54 分
第 7 次爆炸	3 月 22 日	21:40	第 6 次与第 7 次间隔 49 小时 35 分
第 8 次爆炸	3 月 26 日	03:56	第 7 次与第 8 次间隔 78 小时 16 分

5.2 任楼煤矿瓦斯爆炸事故点火源分析

采煤工作面开采后上覆岩层采动裂隙分为两类:一类是离层裂隙,是随岩层下沉在层与层间出现的沿层裂隙;另一类是竖向破断裂隙。由于应力作用,岩层下沉破断形成的穿层裂隙。这些裂隙会形成漏风系统,导致采空区漏风。然而,由于煤层开采的不彻底,造成遗煤过多,浮煤厚度大,极易造成采空区遗煤氧化自燃。煤的自燃过程是温度逐渐升高的过程,同时释放一氧化碳、乙炔等标志性气体。当穿层裂隙形成瞬间破裂面时,容易造成尖端放电形成电火花,从而引燃瓦斯,这种瞬间破裂面很难预测及监测,具有隐蔽性。

5.2.1 煤自燃

事故发生后,公司组织专家对Ⅱ7₃22封闭巷道瓦斯爆炸事故的原因进行调查分析,得出可能的两个点火源:一是Ⅱ7₃22巷道未金属摩擦支柱和工字钢支护,因掘进引起岩层移动导致金属摩擦、断裂、撞击产生火花;二是Ⅱ7₃22收作线附近巷道松散煤体的自燃。对于点火源1,前人的研究已经明确地指出了金属的断裂撞击产生的能量不足以引燃瓦斯。下面主要分析煤自燃引燃的可能性。

① 图5-3为任楼煤矿煤层开采的赋存示意图。主采7₂、7₃、8₂煤层的煤自燃倾向性鉴定结果为自燃煤层,煤的最短自然发火期大于6个月,其中Ⅱ7₂22工作面于2008年6月开始回采,2009年10月29日收作,历时1年5个月。Ⅱ7₃22工作面于2011年7月开始回采,2013年3月18日收作,历时2年6个月,在这期间,检测工作面回风流和上隅角自然发火标志性气体浓度未发现自然发火迹象,Ⅱ7₂22采空区未发生煤自燃和瓦斯燃烧事故。此外,7₃、7₂煤层属于近距离煤层群开采,层间距为7 m,Ⅱ7₃22工作面在回采期间顶板岩层受采动影响,裂隙发育,容易在Ⅱ7₂22工作面采空区形成较多漏风通道;同时,由于瓦斯较空气轻,易在Ⅱ7₂22采空区积聚形成预混瓦斯爆炸气体,但在历时2年6个月的回采期间均未发生煤自燃和瓦斯爆炸现象,因此可排除Ⅱ7₂22采空区煤自燃的可能。

② 由于Ⅱ7₃22工作面下伏煤层为未采动的8₂煤层,层间距为13.5 m,且其岩性为细砂岩,抗压强度高,因此其底板岩层采动影响较小,采动裂隙较少;同时,Ⅱ7₃22工作面收作后,在风巷和机巷分别设有2道密闭墙,漏风通道较少,因此相对于Ⅱ7₂22采空区,Ⅱ7₃22采空区更难以形成煤自燃条件;

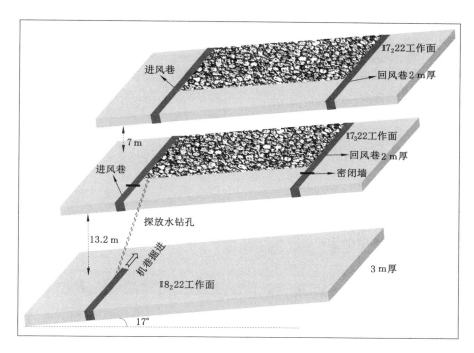

图 5-3 煤层赋存示意图

在 $\text{II}7_322$ 风巷封闭孔口设有 CO 浓度传感器,事故发生前 CO 浓度传感器未检测到异常现象。图 5-4 为 $\text{II}7_322$ 风巷封闭墙处 CO 传感器变化趋势图,第 1 次爆炸时间为 3 月 12 日,此时 $\text{II}7_322$ 风巷密闭墙处的 CO 浓度为零,直到 3 月 13 日晚 21 点,中间间隔 30 h,CO 浓度仍保持为零,而在之后直到第 8 次爆炸,CO 浓度保持较高浓度。需要说明的有两点:一是 CO 产生点靠近 $\text{II}7_322$ 机巷的位置。二是爆炸发生前,采空区中的 CO 浓度并未有明显变化,CO 的产生并不是煤的自燃或燃烧产生;爆炸发生后,CO 浓度高,说明此时由于第 1 次的爆炸,采空区的煤已经被引燃,而且几个测点的气体监测数据也可以说明。图 5-5 为 II 采区总回 CO 传感器变化趋势;图 5-6 为 $\text{II}8_222$ 外段风联巷 CO 传感器变化趋势;图 5-7 为 $\text{II}8_222$ 外段机巷 CH_4 传感器变化趋势图。这些监测点均说明煤的自燃或燃烧都是在瓦斯爆炸发生后导致的。因此,第 1 次和后面的 7 次瓦斯爆炸的性质不同,第 1 次是存在其他点火源引燃瓦斯,而后面的 7 次瓦斯爆炸属于气固两相可燃物复合燃烧导致的瓦斯爆炸。

另外,瓦斯爆炸冲击波是沿 $\text{II}7_322$ 机巷传播冲倒运输石门密闭墙,致正在密闭墙外为 $\text{II}8_222$ 外段机巷运送物料的 3 人死亡,而风巷密闭墙却未受影响,说明爆源点靠近机巷收作面采空区附近。位于 $\text{II}7_322$ 收作面采空区下方的

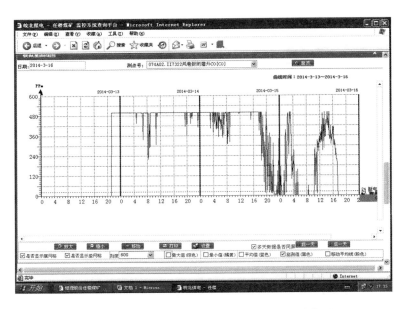

图 5-4　$7_3$22 风巷封闭墙处 CO 传感器变化趋势图

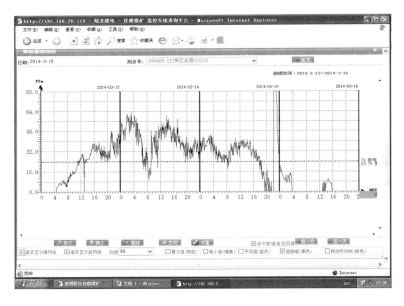

图 5-5　II 采区总回 CO 传感器变化趋势图

II $8_2$22 外段机巷由于需要探放 II $7_3$22 采空区老窑积水,在工作面迎头施工两个探放水孔,集中放水约 500 m³。由于 7_3 煤层倾角为 17°,因此可以判定在未放水前,靠近 II $7_3$22 机巷收作面采空区遗煤处于浸水或是饱水状态,煤自燃的可能性较低。

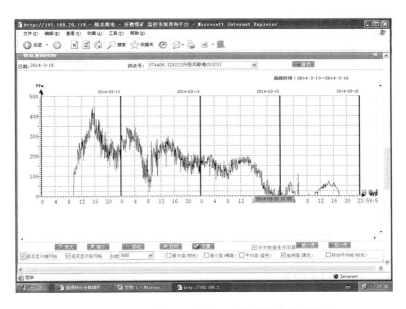

图 5-6　Ⅱ$8_2$22 外段风联巷 CO 传感器变化趋势图

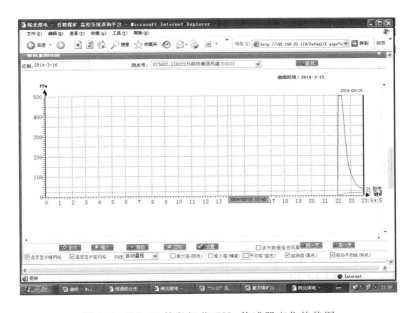

图 5-7　Ⅱ$8_2$22 外段机巷 CH_4 传感器变化趋势图

　　Ⅱ$7_3$22 工作面回采期间在距收作线 30 m 时随采随灌注黄泥浆并喷洒阻化剂,回采完毕后分别在风巷和机巷收作线向外 20 m 处各施工一道密闭墙进行封闭,并向采空区灌注黄泥浆约 2 340 m³,对于靠近收作线的破碎煤体具有很好的抑制氧化作用。

基于以上分析，Ⅱ7₃22 采空区煤自燃的可能性极低，可以排除。

5.2.2 顶板砂岩瞬间破裂放电引燃瓦斯

（1）任楼煤矿顶板应力演化规律

采空区顶板在长期的地应力作用下以及工作面采动过程中，出现应力集中现象，往往容易产生裂隙而出现碎裂或变形；同时，工作面顶板变形破裂过程中电效应的产生与应力场存在耦合关系。因此，研究采动过程中应力场的变化有助于从微观上了解电效应的产生、变化规律。本节应用 FLAC3D 软件对任楼煤矿回采过程中顶板的应力及位移变化进行数值模拟。FLAC 是连续介质快速拉格朗日差分分析方法的英文缩写，该方法最早用于固体力学，后来被广泛应用于研究流体质点随时间变化情况。FLAC3D 具有良好的前处理功能，计算时程序自动将模型剖分成六面体单元，每个单元在外载和边界约束条件下，按照约定的线性或非线性应力-应变关系产生力学响应，特别适合分析材料达到屈服极限后产生的塑性流动。

根据任楼煤矿地质柱状图建立模型，长×宽×高＝250 m×200 m×150 m，单元数共 1 121 660 个，节点 1 027 922 个，煤层倾角为 17°，各岩层的物理力学性质设置见表 5-2，模型网格如图 5-8 所示。

表 5-2　岩层物理力学性质

岩性	体积模量/GPa	剪切模量/GPa	黏聚力/MPa	抗拉强度/MPa	密度/ (g·m⁻³)	内摩擦角/(°)
粗砂岩	9.4	5.8	4.2	1.9	2.5	33
细砂岩	10.3	7.6	6.5	2.1	2.5	36
粉砂岩	6.7	4.1	3.7	1.6	2.5	34
泥岩	4.9	3.6	2.3	0.9	2.4	28
煤	3.8	1.5	1.3	0.5	1.4	23

根据任楼煤矿地质资料，最大主应力为水平方向，垂直方向为最小主应力方向。垂直应力的大小与埋深成正比，其值略大于煤岩体自重。根据任楼煤矿的埋深，取 s_{zz} 为 15 MPa；水平应力大小为竖直应力的 1.2～2 倍，设置水平方向 s_{xx} 为 18 MPa，s_{yy} 为 18 MPa。

7₂22 煤层和 7₃22 煤层的开采对周围煤岩体产生巨大影响。当工作面推进不同距离时，煤岩体应力会发生卸除、升高等复杂变化。通过截取回采过程中煤岩体竖直应力变化图从而得出回采过程中煤岩体内应力变化规律。

图 5-8　任楼煤矿开采计算模型网格

图 5-9 为开采完 Ⅱ 7₃22 煤层和 Ⅱ 7₂22 煤层后采区的竖直应力变化情况。对于 Ⅱ 7₃22 煤层的开采，随着工作面的推进，采空区范围的不断扩大，破坏了原有的应力平衡状态，使得围岩应力状态重新分布；同时，会出现超前应力集中区和卸压区，在整个回采过程中，各个区域的范围时刻在变化，各个区域的分布在发生的时空演化，这里未考虑压实作用。从图 5-9 可以看出，在开采完 Ⅱ 7₂22 煤层后，卸压区有所增大，但增大范围不大，这是因为两个煤层的层间距只有 7 m；同时，两个煤层的厚度都比较薄，Ⅱ 7₃22 煤层的开采对 Ⅱ 7₂22 煤层具有很好的保护作用，属于近距离保护层开采。需要注意的是，Ⅱ 7₃22 煤层的开采时，其两端的应力集中区有所扩大，且扩大程度较大，尤其是 Ⅱ 7₂22 顶板的应力集中区。Ⅱ 7₂22 煤层顶板厚度较大，而且是一种抗压强度很高的石英砂岩，其应力集中范围的扩大程度较大。当其受到轻微扰动时，应力出现突变，砂岩弹性向塑性转变，容易出现瞬间破裂面。

图 5-10 为在分别开采完 Ⅱ 7₃22 煤层和 Ⅱ 7₂22 煤层后采区的位移变化。在首采 Ⅱ 7₂22 煤层中，回采工作面随着开切眼开始推进，顶板悬露面积缓慢增大，由于覆岩体应力的重新分布，覆岩体发生一系列的变形、破坏、垮落，形成一种暂时平衡的现象。其中，在采空区的中心区域位移最大，为垮落破碎带。在 Ⅱ 7₃22

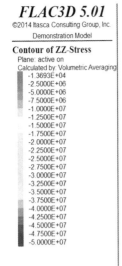
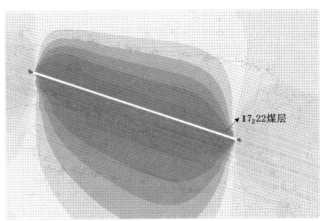

（a） 开采Ⅱ7₂22煤层

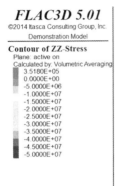
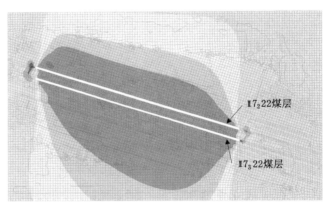

（b） 开采Ⅱ7₃22煤层

图 5-9　开采完Ⅱ7₂22 煤层和Ⅱ7₃22 煤层后采区的竖直应力变化情况

工作面回采过程中，位移计算将位移清零。可以看到，Ⅱ7₃22 工作面的回采对Ⅱ7₂22 顶板的位移影响较大，尤其是Ⅱ7₂22 顶板的两端有一定的位移发生，这也与应力变化相符，即应力集中区有所扩大。

图 5-11 为在开挖Ⅱ8₂22 外段机巷过程中采场顶板应力和位移的变化情况。对比图 5-11(a)和图 5-9(b)可以看出，在进行Ⅱ8₂22 外段机巷掘进过程中，应力变化集中在机巷围岩，对于已经开采的Ⅱ7₂22 和Ⅱ7₃22 顶、底板的应力影响较

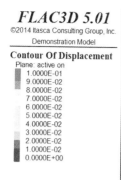
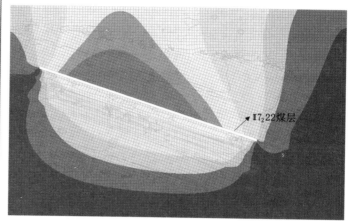

（a）　开采Ⅱ7₂22煤层

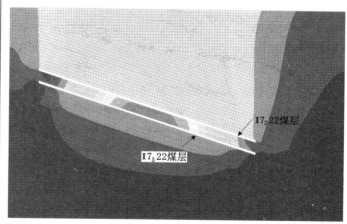

（b）　开采Ⅱ7₃22煤层

图 5-10　开采完Ⅱ7₂22 和Ⅱ7₃22 煤层后采区的位移变化情况

小,只是在靠近机巷这一端的应力集中区位置稍有扩大。然而,这微弱的影响会导致这一区域的岩石塑性区域往外稍有扩展,尤其是Ⅱ7₂22 顶板为 13.5 m 厚的坚硬石英砂岩,在应力集中区达到应力平衡后的失稳,容易出现瞬间破裂面,而这成为煤矿顶板砂岩形成尖端放电并电离预混瓦斯气体的关键。图 5-11(b)

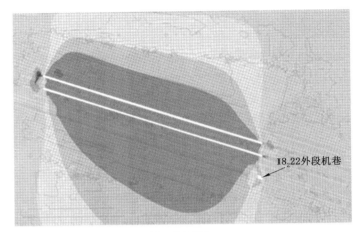

（a）应力变化

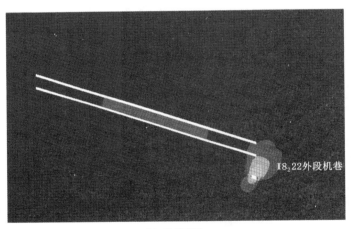

（b）位移变化

图 5-11　Ⅱ8₂22 外段机巷掘进后应力和位移的变化

中机巷的掘进会导致顶板位移的变化，图中为位移清零后的变化。与应力变化一致的是，其对 Ⅱ7₃22 和 Ⅱ7₂22 顶板的影响较小，但会影响 Ⅱ7₂22 顶板的位移，也就能产生新的破断裂隙。

（2）顶板岩石受载破裂电效应点火

Ⅱ7₃22 工作面的直接顶为粉砂岩，工作面中后段局部为泥岩，粉砂岩为灰色、块状，泥质胶结，平均厚度为 9.0 m，自然状态下单向抗压强度为 52.35 MPa。泥岩为深灰色，致密，含植物化石碎片，水平层理。直接底为泥岩，灰色，含粉砂质，块状，致密，平均厚度为 2.2 m。基本顶——Ⅱ7₂22 煤层的直接顶为细砂岩，浅灰色，细粒为主，块层状构造，成分以石英为主，水平层理，钙、硅质胶接,平均厚度为 13.5 m。基本底为细砂岩,灰色,成分以石英为主,中厚层状,钙泥质胶结,分选中等,平均厚度为 5.8 m。自然状态下单向抗压强度为 60.98 MPa。另外,里段 7_2 煤层直接顶为粉砂岩,灰色,块状,泥质胶结,其下局部有一薄层泥岩,平均厚度 1.0 m。直接底为泥岩,深灰色,块状,含根部化石,平均厚度为 2.5 m。

国内外研究表明,成功点燃瓦斯需要岩石之间的长时间、大应力、合适的接触面积和高速旋转摩擦的试验条件,对采空区环境条件要求极为苛刻。7_2、7_3 煤层的厚度均为 2 m,采用自然垮落法管理顶板。在回采 $II 7_2 22$ 和 $II 7_3 22$ 工作面期间,煤层顶板通过自然垮落形成应力平衡,而在开采完 $II 7_3 22$ 工作面到爆炸事故的发生历时将近一年,可以判定 $II 7_2 22$ 和 $II 7_3 22$ 采空区顶板岩层已经垮落严实,而 $II 8_2 22$ 机巷的掘进不足以扰动 $II 7_2 22$ 和 $II 7_3 22$ 采空区顶板岩层,产生岩石大范围的垮落摩擦火花。因此,可以排除顶板断裂垮落产生的摩擦火花引燃瓦斯的可能。

在事故处理和救援过程中,瓦斯爆炸往往将最初的点火源信息破坏掉,造成取证困难;同时,在事故发生前,由于采空区是煤层开采过程独立的垮落空间,对于其中的遗煤氧化、岩层垮落等点火源信息无法及时获取,只能通过灾变后救援人员现场观测和专家的事后推测以及取证推理来推测事故发生的真实点火源。根据之前现场数据以及推理分析,本书提出顶板岩石受载变形破裂产生的电效应点火这一观点。

① 预混瓦斯形成。2014 年 2 月 11 日,$II 8_2 22$ 外段机巷停止掘进,在工作面迎头向 $II 7_3 22$ 采空区施工 2 个探放水孔,集中放水约 500 m³。在释放过程中,采空区形成负压,吸入大量空气,扰动了采空区内积聚的瓦斯,形成爆炸极限内的瓦斯-空气预混气体。

② 现场顶板岩样的取证。对任楼煤矿事故进行深入调查后,采集了 $II 7_2 22$ 顶板的砂岩进行试验研究。前文任楼煤矿顶板砂岩的产电、放电特性充分说明,任楼煤矿顶板砂岩受载破裂变形过程中产生的电效应能将可燃瓦斯气体电离,引起瓦斯爆炸。为了充分说明其产生电火花的能力,我们通过高速摄像机记录了任楼煤矿顶板砂岩变形破坏产生的电火花。

图 5-12 为任楼煤矿顶板砂岩在弱光状态下拍摄到的火花。由于曝光时间长,因此可以拍摄到很明亮的火花状闪光,但帧率也降低到 30 f/s,相邻两张照片的时间间隔为 33 ms。火花均是在岩样主破裂发生时产生,火花呈弧形喷射状,而在岩样表面也有闪光出现;33 ms 后,可以看到电火花从裂隙出发,其亮度

甚至将周边岩样断口照亮,闪光边缘均是尘云,而强烈电火花发生在岩石破碎以及产生爆炸性尘云的过程中。因此,当 II $7_2$22 顶板砂岩形成瞬间破裂面时,产生的电火花足以将周围的瓦斯气体点燃。

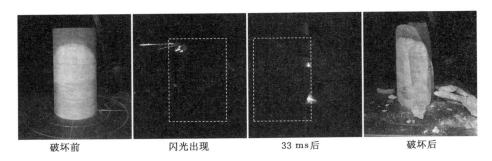

破坏前　　　　　闪光出现　　　　　33 ms 后　　　　　破坏后

图 5-12　任楼煤矿顶板砂岩弱光状态下的火花

通过 5.2.2 小节对采场数值模拟可知,II $8_2$22 机巷的掘进使得原有应力平衡遭受破坏;同时,探放水引起采空区顶板岩石应力的重新分布,长期浸泡的 II $7_2$22 顶板岩体岩性及煤帮力学性能发生改变,煤(岩)体强度降低,破坏了原有顶板岩体的稳定性。II $7_3$22 采完后,煤层顶、底板抗压强度有所降低。探放水过后,II $8_2$22 外段机巷继续掘进,顶板岩层有一定量的下沉。在这两种因素作用下,II $7_3$22 和 II $7_2$22 采空区顶板岩层原有应力平衡遭到破坏,虽然不会形成顶板的垮落,但会出现黏滑现象,较厚且坚硬 II $7_2$22 顶板砂岩积累的应变能释放出来,如图 5-13 所示,形成高压下的破坏,出现瞬间破裂面。

③ 最后岩层形成瞬间破裂面导致尖端放电引燃瓦斯。应力平衡破坏在收作面处形成应力集中,应力集中产生大量新的微裂隙,大量微裂隙产生的电偶极子,形成大量的自由电荷,使得岩石成为成为带电导体。随着应力的持续集中,微裂隙便"雪崩"式地增长发育,起电过程也急骤增长。由于石英成分的存在,这种起电过程中还有另一重要因素在起作用——压电效应;同时,由于应力的不平衡,压电效应一直存在。由第 4 章可知,压电效应产生的是束缚电荷,这种电荷一般不能形成放电,而在顶板岩石形成新的微裂隙后:一方面,微裂隙的形成会产生大量的自由电荷;另一方面,由于石英晶体颗粒的破坏,压电效应消失,束缚电荷因失去束缚而转变为自由电荷,并向电势能低的空隙中迁移。这两种产电作用增加了裂隙中的自由电子的密度和总量,使得自由电荷聚集于破裂面的裂隙尖端而产生放电现象,将瓦斯-空气预混气体击穿并电离瓦斯,从而引燃瓦斯。

　　由于Ⅱ7₃22顶板岩层强度较低,在采动过程中已经充分垮落,其岩性为粉砂岩,石英含量较低,因此其新产生的微裂隙较少;同时,由于其压电效应很弱,因此Ⅱ7₃22顶板产生的电效应不足以引燃瓦斯。而Ⅱ7₂22顶板为细砂岩,成分以石英为主,平均厚度为13.5 m,其岩层强度及厚度较大,起主要的支撑作用。应力的重新分布易引起应力集中,从而产生大量的微裂隙,并产生岩层破裂;同时,由于其石英含量很高,因此压电效应显著,大量束缚电荷转换成自由电荷,形成尖端放电,引燃瓦斯。可以认为,点火源为Ⅱ7₂22顶板受变动载荷产生的电效应引起的瓦斯爆炸,其爆源点应该是Ⅱ7₂22收作面顶板破裂岩层处,而非Ⅱ7₃22采空区煤自燃,如图5-13所示。

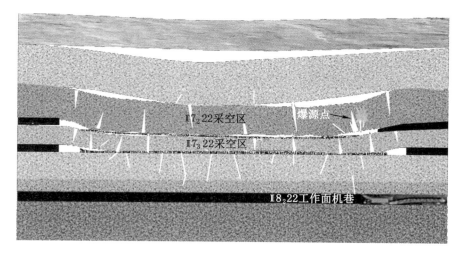

图 5-13　采空区及爆源点示意图

5.3　吉林八宝煤矿特大瓦斯爆炸事故分析

　　2013 年 3 月 29 日 21 时 56 分,吉林省吉煤集团通化矿业集团公司八宝煤矿发生瓦斯爆炸事故,死亡 36 人,受伤 12 人。2013 年 4 月 1 日 10 时 12 分,八宝煤矿再次发生瓦斯爆炸事故,死亡 17 人,受伤 8 人。

5.3.1　事故矿井和采区概况

　　八宝煤矿隶属于吉煤集团通化矿业集团公司,地处吉林省白山市,2011年核定生产能力 300 万 t/a。八宝煤矿井田构造较复杂,煤层产状多变,含煤地层发育,共有 6 个煤层组,倾角为 20°～75°,浅部平均 45°左右,深部平均 25°左右,主要可采煤层为 1#、4#、6# 煤层,如图 5-14 所示。煤矿瓦斯等级为高瓦斯矿井,瓦斯绝对涌出量为 35.98 m³/min,矿井瓦斯相对涌出量为 10.16 m³/t。开采煤层鉴定自燃倾向性等级均为Ⅱ类自燃煤层,开采煤层最短自然发火期为 5 个月。

层次	柱状	厚度/m	岩性特征
1		0.45～3.50	耐火黏土
		2.00	
2		1.4～9.5	砂岩,中细粒,黑灰色
		5.0	
3		3.50～5.41	N_1 煤层,含1～2层夹石,页岩,黑色状,局部为铝土页岩
		4.58	
4		1.50～9.4	砂岩,细粒含1～2层薄层页岩,近 N_2 层煤处有0.2 m左右铸煤含褐色条带
		5.5	
5		0.20～0.54	N_2 不可采煤层
6		6.45～15.50	砂页岩,黑色,含结核,层理发育
		8.40	
7		0.10～0.55	N_3 不可采煤层
8		10.00～16.70	砂岩,灰白色,硅质胶结,粗粒
		12.4	
9		4.1～5.5	N_4 含1～2层夹石,页岩,黑色,块状,砂岩,黑灰色中细粒
		4.4	
10		0.50～1.50	页岩,黑色,含植物碎片化石
		1.0	
11		7.5～15.0	砂岩,中细粒,黑灰色,质硬,近 N_5 煤处含条带
		11.0	
12		0.54～2.5	页岩,黑色,含植物碎片化石
		1.5	
13		0.2～0.5	N_5 不可采煤层
14		4.5～7.0	砂岩,中粒,灰白色,含少量白云母
		4.5	
15		3.5～5.9	页岩,黑色,断口呈贝壳状
		6.0	

图 5-14 八宝煤矿煤层综合柱状图

发生事故的采区为二水平(−400 m)东六石门−416采区,采区开采 $1^{\#}$、$4^{\#}$、$6^{\#}$煤层。$4^{\#}$煤层厚度平均为 4.4 m,煤层倾角为 $40°\sim70°$,沿倾斜分为−200~−250 m、−250~−315 m、−315~−380 m 等 3 个阶段,每两相邻阶段设计留有 6 m 阶段煤柱。每个阶段又分为 3~5 个分层开采,采用走向长壁后退式水力采煤方法,自然跨落法管理顶板。如图 5-15 所示,风流路线为:−400 东大巷→−400 石门→−380 水力石门→集中一上山→东三和东二分层→工作面→东一分层→−315 水力石门→−315~−250 岩石上山→−250 石门→−250 回风巷。事故发生前,−250 石门和−315 水力石门通向上区段采空区的巷道已密闭。

5.3.2 事故经过

该事故的发生过程如图 5-16 所示。3 月 28 日,−4164 东水采工作面东二分层正常作业,通风队安排下午 4 点班封闭−416 采区的−380 石门 $1^{\#}$ 煤层的进风巷。此后,该采区出现了 5 次热动力现象,前 3 次为低强度爆燃,第 4 次和第 5 次爆炸强度增大,造成了重大人员伤亡。

(1) 第 1 次瓦斯爆炸(无伤亡)

2013 年 3 月 28 日,下午班施工密闭−380 石门 $1^{\#}$ 煤层采空区进风巷;16 时 10 分,发生第 1 次瓦斯爆炸,刚砌筑的−380 水力石门密闭和−315 石门密闭(上区段采空区回风密闭)被冲毁。其中,−315 石门密闭处 CH_4 浓度为 0.2%,CO 浓度为 60×10^{-6}。

(2) 第 2 次瓦斯爆炸(无伤亡)

28 日 16 时 10 分,在第 1 次瓦斯爆炸发生后,计划恢复被摧毁的−315 石门密闭和−380 水力石门密闭。其中,−315 石门密闭由 28 日晚班完成,安排 29 日上午班施工恢复−380 石门密闭。29 日 14 时 30 分,发生第 2 次瓦斯爆炸,−315 石门密闭处 CH_4 浓度为 10%以上、无 CO,木垛被冲出 40~50 m,威力较大。

(3) 第 3 次瓦斯爆炸(无伤亡)

29 日 15 时 30 分开会,决定施工 5 处密闭(恢复−315 和−380 石门密闭,增设东一、二、三分层每层 1 道密闭)。29 日 19 时 30 分,密闭施工过程中发生第 3 次瓦斯爆炸,东一分层(最靠近上区段采空区)因瓦斯超限未施工密闭,所有人员撤至井底。

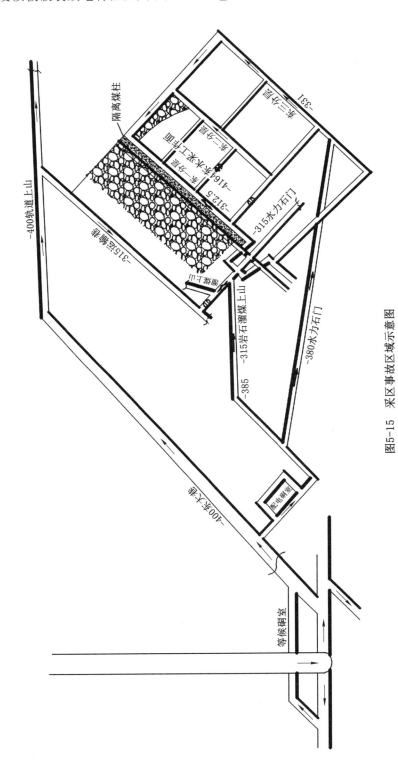

图5-15 采区事故区域示意图

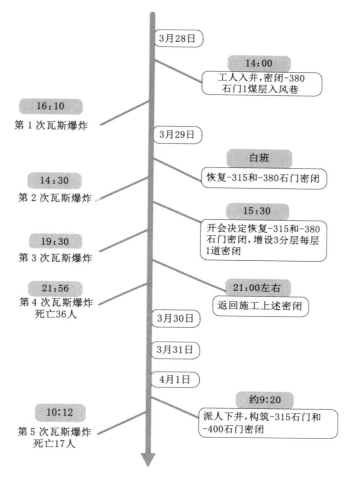

图 5-16 八宝煤矿瓦斯爆炸事故发生过程线

（4）第 4 次瓦斯爆炸（死亡 36 人）

爆炸前矿井全部停止采掘作业，主要通风机正常运转，通风系统没有变化。井下电工向矿调度室汇报，21 时 56 分 13 秒，−315 石门局部通风机断电，井下出现强烈的冲击波，表明井下此刻发生了瓦斯爆炸。当时井下有 40 余人在施工密闭，在 19 时 30 分第 3 次瓦斯爆燃发生后，所有人员已撤至井底，于 21 时左右返回密闭施工地点。21 时 56 分发生的瓦斯爆炸共造成 36 人遇难，其中 30 人分布在−416 区正在施工的 1#、3#、4#、5#密闭及巷道附近，另外 6 人（含 1 名水泵司机）分布在−416 采区配电室、水泵室至−380 石门及大巷之间。

（5）第 5 次瓦斯爆炸（死亡 17 人）

4 月 1 日 7 时 50 分左右，−250 回风的一氧化碳浓度由 31 日的 35×10^{-6}

增加到 75×10^{-6}，氧气浓度为 19.2%。指挥部据此判断火区可能继续发展，随即派人下井勘察。在 8 时 30 分左右，勘察人员发现 -315 m 以里 150 m 处有浓烟，能见度不足 5 m，CH_4 浓度 0.2%。由于担心若不尽快采取措施，火势的发展可能很快波及全井，故派出 2 组人员下井到 -400 进风石门和 -315 回风石门施工临时木板式风障。4 月 1 日 9 时 20 分人员再次入井，分别前往 -315 石门（采区回风）和 -400 石门（采区进风）施工密闭，试图远距离封闭工作面。然而，10 时 12 分第 5 次瓦斯爆炸发生，造成 17 人死亡。

5.3.3 点火源分析

该起爆炸事故是我国近年来煤矿发生的死亡人数最多的一起事故，引起了煤炭行业和全社会的关注。事故发生后，有关部门组织专家对该事故进行了调查，专家组认定该事故的点火源为煤自燃，爆源位于 -416 采区 -4164 东水采工作面东一最里端邻接的上阶段采空区附近区域（图 5-17）。专家组认为只有该区域存在煤自燃的可能，因为其 6 m 的隔离煤柱受采动破坏严重，存在漏风，该煤层有自燃倾向性，浮煤堆积时间已超过其发火期；同时认为 -416 采区东一水采区的采空区不具备煤自燃条件，也不存在其他点火源。研究表明，这些结论基于当时的认知条件可以理解和接受，但随着实践与认识的深化，这些结论则需要修正。

八宝煤矿于 2013 年 11 月恢复生产后，矿方认真吸取事故教训，加强了煤自燃的防治工作，积极采取各种防灭火技术措施和开展相关科研项目的研究，同时聘请防灭火专家进行指导，但采空区内的瓦斯爆燃现象仍然频繁出现，之后又导致了封闭工作面 5 次。中国矿业大学王德明教授应邀参加了后期有关事故的隐患分析与治理工作，发现这些事故及隐患都具有发生突然、没有预兆的特点，主要与顶板初期来压或周期来压有关、与 $4^\#$ 煤上部的 14 m 厚的含有石英的坚硬粗砂岩直接顶板有关、与水采方法的采空区通风方式有关、与向深部延伸后瓦斯涌出量增大有关。

（1）煤自燃

"3·29" 事故的爆源点不是与之相邻的上区段采空区，而是正在开采的 -4164 东水采工作面采空区（图 5-17）。该事故造成人员重大伤亡的是 3 月 29 日 21 时 56 分发生的第 4 次爆炸。在此之前已发生了 3 次爆燃，第 1 次爆燃发生在 3 月 28 日 16 时 10 分，在水采面作业的水枪操作工在移动水枪时首先发现该采空区内有动静，"从采空区内煽出一股风，往外跑"。在东二分层的另一名瓦检工在第一分层回风巷和第二分层联络巷 10 m 处也在此时感受到了一股冲击

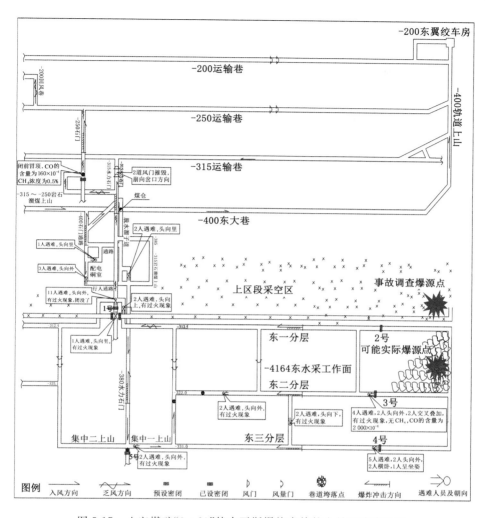

图 5-17　八宝煤矿"3·29"特大瓦斯爆炸事故的人员遇难位置图

波。3 月 29 日 8 时 35 分,在东一分层和东二分层以里的 3 m 木垛处首次测得 CO 的浓度为 5×10^{-6}。发生第 2 次瓦斯爆燃时,也是一名瓦斯检查工在东一分层口处打栅栏时听到的一声闷响,该地点与东一分层采空区相通。最早的瓦斯爆燃都在该采空区附近。

　　据调查报告显示,认定引爆瓦斯的火源为－416 采区的－4164 东水采工作面东一分层最里端邻接的上区段采空区附近区域的煤自然发火,如图 5-18 所示。本书认为,并非采空区内的煤自燃引发瓦斯爆炸的依据如下:

　　① 排除－4164 东水采工作面东一分层采空区煤自燃发火的可能性。据该矿 2010 年 5 月 31 日的煤层自燃倾向性鉴定报告显示,开采的 1#、4#、6# 煤层鉴

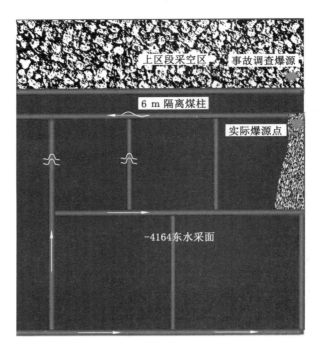

图 5-18　事故爆源点示意图

定自燃倾向性等级均为Ⅱ类自燃煤层,自然发火期约为 5 个月。事故发生后,经 2014 年沈阳煤科院重新鉴定,1#、4#、6#煤层的自然发火期分别为为 46～136 d、37～111 d、43～129 d。—4164 东水采工作面东一分层巷道 2013 年 2 月中旬掘完,采煤工作面于 2013 年 3 月 25 日开始回采,事故发生时开采仅 4 d,推进距离约 40 m,开采时间较短,采空区难以形成煤自燃条件。据此,我们可排除—4164 东水采工作面东一分层采空区煤自然发火的可能性。

②　—4164 东水采工作面上阶段采空区缺乏能证明煤自然发火的证据。—4164 东水采工作面 4#煤层上阶段形成采空区时间大约为 12 个月,超过煤自然发火期 5 个月,同时由于煤层为急倾斜煤层,6 m 的区段煤柱易垮落,如图 5-13 所示。由于漏风的存在,采空区易形成煤自燃条件,不能排除煤自燃的可能。但在 3 月 28 日第一次瓦斯爆燃发生前,对该采区—250,—200 石门回风巷道的长期气体成分的监测与取样分析显示,直到 3 月 29 日,CO 突然出现,此前 CO 浓度一直为 0,故—4164 东水采工作面东一分层上区段采空区和该分层采空区没有自然发火迹象,故煤自燃不是"3·29"特大瓦斯爆炸事故的点火源。

③　有推测认为是邻近煤层采空区煤自燃作为点火源。首先,4#煤层与 1#煤层的层间距为 35～40 m,4#煤层垮落带高度未达到 1#煤层位置,6#煤未开采。其次,除 2013 年发生的事故外,在 2014 年及 2017 年共发生了 5 次采空区

气体异常涌出事件,出现瓦斯燃烧事故,但事故发生前并无任何煤自燃预兆。最后,2013 年事故后,该矿留设的区段隔离煤柱厚度大大增加,经 SF_6 释放证明,2014 年及 2017 年的瓦斯事故中,采区都没有与周围邻近采空区形成连通。因此,由于煤自燃造成该矿采空区气体异常涌出的可能性很小。

（2）擦撞击火花引燃

八宝煤矿 4# 煤层属于急倾斜煤层,在采动过程中失稳顶板会沿着工作面倾斜方向下滑。急倾斜工作面上部垮落矸石对工作面采空区充填如图 5-19 所示。由于煤层倾角大,工作面上部直接顶垮落后会向采空区下部滚落,采空区下部区域首先被填充,随着工作面的推进,下部区域由于被填充而能得到一定的支撑。上部顶板由于得不到垮落矸石的支承作用,垮落岩层高度较工作面中下部大,下部顶板得到垮落矸石的支承后,垮落破坏高度变小,会形成漏斗状的采空区垮落空间。

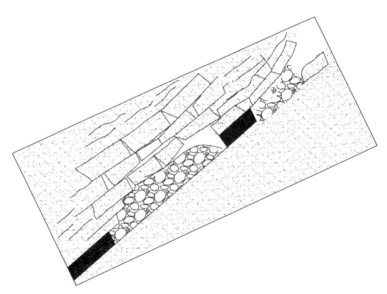

图 5-19　急倾斜工作面垮落空间示意图

事故发生前,八宝煤矿－416 东一分层已经开采完,正在开采的是－416东二分层,推进距离约 40 m。此时,隔离煤柱和上区段采空区垮落矸石作为支撑点,使得工作面上部顶板岩石垮落不会太剧烈;同时,岩层垮落后滚落到下部充填工作面下部采空区,抑制工作面下部滞后垮落岩层的变形垮落。因此,滞后垮落岩层只有工作面上部顶板处随着工作面的推进周期性"垮落-下滑"对中下部采空区进行充填。可以推断的是,在推进距离约 40 m 时,顶板不会产生剧烈的相对摩擦运动,此时垮落高度也不足以使顶板岩石碰撞出火花引燃瓦斯。

(3)顶板岩石电效应点火

图 5-20 为－416 东一分层采空区顶板砂岩,表观上可以看出其粒度较大。图 5-21 为八宝煤矿顶板砂岩不同放大倍数的 SEM 结果。可以看出,八宝煤矿顶板砂岩较为致密,原生裂隙较少,石英含量很高。图 5-22 为八宝煤矿顶板砂岩的 XRD 分析结果。可以看出,八宝煤矿石英含量超过 80%,接近于石英砂岩,长石含量较少,还有少量的云母,属于硅质胶结,根据八宝煤矿的地质概况,其强度很高,超过 90 MPa 以上。通过衍射峰各对八宝煤矿顶板砂岩的结晶颗粒大小进行计算可以得到,八宝煤矿顶板砂岩的平均晶粒大小为 87.29 nm。主峰对应的石英晶粒大小分别为 121.8 nm,石英平均晶粒大小分别为 113.55 nm。由此可知,八宝煤矿顶板砂岩石英的平均粒径较大,但较花岗岩和任楼煤矿顶板砂岩的粒径小。虽然受现场条件限制,无法取得较多较大体积的岩样进行实验室的产电特性测试,但是根据之前的试验结果可知,八宝煤矿顶板砂岩的产电能力较强。

图 5-20　八宝煤矿顶板砂岩实物图

根据八宝煤矿现场调研相关资料以及工程技术人员反馈可知,在发生事故的 4# 煤层采空区所发生瓦斯爆燃和大量气体(如 CO、C_2H_4、C_2H_2 异常涌出),都是发生在有异常顶板活动或者周期来压时段。部分有详细的数据记录,如 2014 年 3 月 6 日和 5 月 28 日发生的瓦斯爆炸事件,工作面推进分别为 65 m 和 60 m,而工作面周期来压步距为 20～22 m,刚好在顶板周期来压时段。在 2017 年 8 月 1 日瓦斯事故中,工作面 2 号支架的压力值 12 MPa 降至 4.2 MPa,4 号

图 5-21　八宝煤矿顶板砂岩 SEM 结果

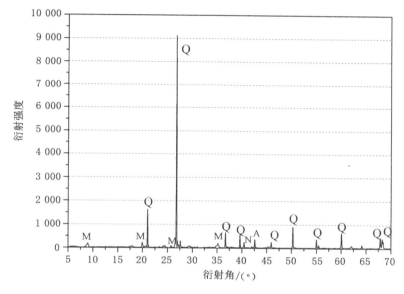

图 5-22　八宝煤矿顶板砂岩 XRD 图

支架的压力值由 14 MPa 降至 3.5 MPa,6 号支架压力值由 13 MPa 降至 2.3 MPa。虽然不能就此推断是周期来压的结果,但通过支架的压力变化可知,此时顶板岩层发生了应力的异常变化,出现了岩层的破断。如图 5-23 所示,在采空区上部区域岩体出现了瞬间破裂时,石英砂岩压电效应突然消失形成的高场强和岩层岩体微裂隙沟通形成瞬间破裂面产生的尖端场强,使得自由电荷聚集于破裂面的裂隙尖端而产生放电现象,大量的高能电子将聚集于此的瓦斯-空气预混气体击穿并电离,从而引燃瓦斯,形成瓦斯爆炸,最终引燃采空区的遗煤。遗煤成为持续性火源,使得采空区持续发生多次爆炸。

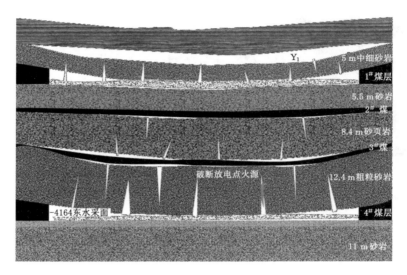

图 5-23　顶板空间分布图

5.4　本章小结

本章通过事故案例介绍,详细调研了案例矿井事故的发生、发展过程,分析了案例矿井在煤矿采动过程中煤自燃可能性、顶板的应力时空演化规律并提出了一种关于点火源的新猜想。主要结论如下:

(1) 对比分析了任楼煤矿 II 7₃22 和 II 7₂22 煤层开采的情况。通过收集到的 CO 浓度检测情况可以发现,在瓦斯爆炸前未检测出 CO、CO 和其他煤燃烧的标志性气体突然出现,并且煤自燃的特性表明,采空区内未发生煤自燃。之后几年的瓦斯爆炸事故调查以及煤自燃治理技术和检测中,并未发生煤自燃。

(2) 研究表明,岩石摩擦撞击产生热火花的条件是极为苛刻的,任楼煤矿顶板砂岩的垮落断裂不足以产生高温电火花。但是煤矿顶板砂岩的瞬间破裂却可以产生显著的压电效应,从而将石英中的大量束缚电荷转换为自由电荷,形成尖端放电,很有可能引发瓦斯爆炸。

(3) 八宝煤矿属于水采工作面,其采空区煤自燃证据不足,且无标志性气体出现;同时,其采空区的岩石垮落断裂不足引燃瓦斯。采空区上部区域岩体出现的瞬间破裂,导致石英砂岩压电效应突然消失形成高场强;同时,岩层岩体微裂隙沟通形成瞬间破裂面产生的尖端场强。另外,两种场强使破裂面的自由电荷聚集并产生大量高能电子,这些高能电子将聚集于此的瓦斯-空气预混气体击穿并电离,从而引燃瓦斯,形成瓦斯爆炸,最终引燃采空区的遗煤。遗煤成为持续性的火源,使得采空区持续发生多次爆炸。

参 考 文 献

[1] 中国煤炭工业协会. 2018 年度全国煤炭交易会开幕式[EB/OL]. (2017-11-22) [2023-06-05]. http://www. coalchina. org. cn/index. php? m = content&c=index&a=show&catid=10&id=109108. html.

[2] LI M, WANG D M, SHAN H. Risk assessment of mine ignition sources using fuzzy Bayesian network[J]. Process safety and environmental protection,2019,125:297-306.

[3] WANG L, CHENG Y P, LIU H Y. An analysis of fatal gas accidents in Chinese coal mines[J]. Safety science,2014,62:107-113.

[4] 王德明. 煤矿热动力灾害学[M]. 北京:科学出版社,2018.

[5] LI M, WANG H, WANG D, et al. Risk assessment of gas explosion in coal mines based on fuzzy AHP and Bayesian network[J]. Process safety and environmental protection,2020,135:207-218.

[6] 王德明. 煤矿热动力灾害及特性[J]. 煤炭学报,2018,43(1):137-142.

[7] 程卫民,张孝强,王刚,等. 综放采空区瓦斯与遗煤自燃耦合灾害危险区域重建技术[J]. 煤炭学报,2016,41(3):662-671.

[8] 高洋. 煤矿开采引起的采空区瓦斯与煤自燃共生灾害研究[D]. 北京:中国矿业大学(北京),2014.

[9] 杨永辰,孟金锁,王同杰. 关于回采工作面采空区爆炸产生机理的探讨[J]. 煤炭学报,2002,27(6):636-638.

[10] 杨永辰,赵贺. 煤矿采空区瓦斯爆炸区域划分[J]. 煤矿安全,2014,45(5):167-169.

[11] 周福宝. 瓦斯与煤自燃共存研究(Ⅰ):致灾机理[J]. 煤炭学报,2012,37(5):843-849.

[12] 焦宇,段玉龙,周心权,等. 煤矿火区密闭过程自燃诱发瓦斯爆炸的规律研

究[J].煤炭学报,2012,37(5):850-856.

[13] 李树刚,安朝峰,潘宏宇,等.采空区煤自燃引发瓦斯爆炸致灾机理及防控技术[J].煤矿安全,2014,45(12):24-27.

[14] 秦波涛,张雷林,王德明,等.采空区煤自燃引爆瓦斯的机理及控制技术[J].煤炭学报,2009,34(12):1655-1659.

[15] 杨胜强,秦毅,孙家伟,等.高瓦斯易自燃煤层瓦斯与自燃复合致灾机理研究[J].煤炭学报,2014,39(6):1094-1101.

[16] 余陶.采空区瓦斯与煤自燃复合灾害防治机理与技术研究[D].合肥:中国科学技术大学,2014.

[17] 周西华.双高矿井采场自燃与爆炸特性及防治技术研究[D].阜新:辽宁工程技术大学,2006.

[18] LI S C,WILLIAMS F A. Reaction mechanisms for methane ignition[J]. Journal of engineering for gas turbines and power,2002,124(3):471-480.

[19] LEWIS B, VON ELBE G. Combustion, flames and explosions of gases [M]. Florida:Academic Press,1987.

[20] NAYLORr C A, WHEELER R V. CCCXXXVI:the ignition of gases part Ⅵ Ignition by a heated surface Mixtures of methane with oxygen and nitrogen argon or helium[J]. Journal of the American chemical society, 1931:2456-2467.

[21] ROBINSON C, SMITH D B. The auto-ignition temperature of methane [J]. Journal of hazardous materials,1984,8(3):199-203.

[22] 内田早月,驹井武,梅津实,等.轻合金冲击摩擦火花引燃甲烷气体的引燃特性[J].电气防爆,1993(1):36-41.

[23] 内田早月,文玉成.自由落下的冲击摩擦火花对于沼气的引燃[J].煤矿安全,1986(3):40-45,48.

[24] 邬燕云,周心权,朱红青.高速冲击火花引燃甲烷的环境因素研究[J].中国矿业大学学报,2003,32(2):83-85.

[25] 许家林,张日晨,余北建.综放开采顶板冒落撞击摩擦火花引爆瓦斯研究[J].中国矿业大学学报,2007,36(1):12-16.

[26] WARD C R, CROUCH A, COHEN D R. Identification of potential for methane ignition by rock friction in Australian coal mines[J]. International-al journal of coal geology,2001,45(2/3):91-103.

［27］卡伊玛柯夫.矿用电气设备防爆原理［M］.张力,译.北京:机械工业出版社,1987.

［28］柯拉夫钦克.安全火花电路［M］.张丙军,译.北京:煤炭工业出版社,1981.

［29］克拉夫钦克,邦达尔.电气放电和摩擦火花的防爆性［M］.杨洪顺,曾昭慧,译.北京:煤炭工业出版社,1990.

［30］ECKHOFF R K. Explosion hazards in the process industries［M］. Houston:Gulf Professional Publishing,2016.

［31］CROWL D A. Understanding explosions［M］. New York:John Wiley & Sons,2010.

［32］BRADY B T,ROWELL G A. Laboratory investigation of the electrodynamics of rock fracture［J］. Nature,1986,321(6069):488-492.

［33］BALK M,BOSE M,ERTEM G,et al. Oxidation of water to hydrogen peroxide at the rock-water interface due to stress-activated electric currents in rocks［J］. Earth and planetary science letters,2009,283(1):87-92.

［34］邓军,徐精彩,李莉,等.煤的粒度与耗氧速度关系的实验研究［J］.西安交通大学学报,1999,33(12):106-107.

［35］张辛亥,徐精彩,邓军,等.煤的耗氧速度及其影响因素恒温实验研究［J］.西安科技学院学报,2002(3):243-246.

［36］徐精彩,薛韩玲,文虎,等.煤氧复合热效应的影响因素分析［J］.中国安全科学学报,2001,11(2):34-39.

［37］徐精彩,文虎,葛岭梅,等.松散煤体低温氧化放热强度的测定和计算［J］.煤炭学报,2000,25(4):387-390.

［38］徐精彩,张辛亥,文虎,等.程序升温实验中用键能变化量估算煤的氧化放热强度［J］.火灾科学,1999,8(4):59-63.

［39］徐精彩,张辛亥,文虎,等.煤氧复合过程及放热强度测算方法［J］.中国矿业大学学报,2000,29(3):31-35.

［40］BARIS K,KIZGUT S,DIDARI V. Low-temperature oxidation of some Turkish coals［J］. Fuel,2012,93:423-432.

［41］ZHANG Y,WU J,CHANG L. Changes in the reaction regime during low-temperature oxidation of coal in confined spaces［J］. Journal of loss prevention in the process industries,2013,26(6):1221-1229.

[42] 许涛,王德明,辛海会,等.煤低温恒温氧化过程反应特性的试验研究[J]. 中国安全科学学报,2011,21(9):113-118.

[43] REN T X, EDWARDS J S, CLARKE D. Adiabatic oxidation study on the propensity of pulverised coals to spontaneous combustion[J]. Fuel,1999, 78(14):1611-1620.

[44] BEAMISH B B, BARAKAT M A, GEORGe J D S. Spontaneous-combustion propensity of New Zealand coals under adiabatic conditions [J]. International journal of coal geology,2001,45(2/3):217-224.

[45] 陆伟,王德明,仲晓星,等.基于绝热氧化的煤自燃倾向性鉴定研究[J].工程热物理学报,2006,27(5):875-878.

[46] 陆伟,王德明,周福宝,等.绝热氧化法研究煤的自燃特性[J].中国矿业大学学报,2005,34(2):84-88.

[47] 戴广龙,王德明,陆伟,等.煤的绝热低温自热氧化试验研究[J].辽宁工程技术大学学报(自然科学版),2005,24(4):485-488.

[48] 于水军,余明高,潘荣锟,等.煤升温氧化过程中气体解析规律研究[J].河南理工大学学报(自然科学版),2008,27(5):497-502.

[49] 朱红青,王海燕,宋泽阳,等.煤绝热氧化动力学特征参数与变质程度的关系[J].煤炭学报,2014,39(3):498-503.

[50] 谢振华,金龙哲,宋存义.程序升温条件下煤炭自燃特性[J].北京科技大学学报,2003,10(1):12-14.

[51] 秦跃平,宋宜猛,杨小彬,等.粒度对采空区遗煤氧化速度影响的实验研究[J].煤炭学报,2010,35(增刊1):132-135.

[52] 周福宝,邵和,李金海,等.低 O_2 含量条件下煤自燃产物生成规律的实验研究[J].中国矿业大学学报,2010,39(6):808-812.

[53] 辛海会.煤火贫氧燃烧阶段特性演变的分子反应动力学机理[D].徐州:中国矿业大学,2016.

[54] 亓冠圣.煤矿封闭火区中阴燃煤体的动力学反应机理及其熄灭条件[D].徐州:中国矿业大学,2017.

[55] 秦波涛,鲁义,殷少举,等.近距离煤层综放面瓦斯与煤自燃复合灾害防治技术研究[J].采矿与安全工程学报,2013,30(2):311-316.

[56] 秦波涛,张雷林,王德明,等.采空区煤自燃引爆瓦斯的机理及控制技术[J].煤炭学报,2009,34(12):1655-1659.

[57] QIN B T，LI L，MA D，et al. Control technology for the avoidance of the simultaneous occurrence of a methane explosion and spontaneous coal combustion in a coal mine：a case study[J]. Process safety and environmental protection,2016,103:203-211.

[58] 裴晓东.采空区瓦斯与煤自燃共生灾害的实测分析与研究[J].煤炭技术，2014,33(9):57-59.

[59] 常绪华.采空区煤自燃诱发瓦斯燃烧（爆炸）规律及防治研究[D].徐州:中国矿业大学,2013.

[60] 宋万新.含瓦斯风流对煤自燃氧化特性影响的理论及应用研究[D].徐州:中国矿业大学,2012.

[61] 胡新成.含瓦斯氧化气氛对自燃氧化过程中煤微观理化特性及宏观热效应影响研究[D].徐州:中国矿业大学,2017.

[62] 卢平,张士环,朱贵旺,等.高瓦斯煤层综放开采瓦斯与煤自燃综合治理研究[J].中国安全科学学报,2004,14(4):68-74.

[63] 周爱桃,王凯,臧杰,等.易自燃采空区瓦斯与火灾共治数值模拟[J].中国安全科学学报,2010,20(8):49-53.

[64] 李宗翔,吴志君,王振祥.采空区遗煤自燃升温过程的数值模型及其应用[J].安全与环境学报,2004,4(6):58-61.

[65] 褚廷湘.顶板巷瓦斯抽采诱导遗煤自燃机制及扰动效应研究[D].重庆:重庆大学,2017.

[66] 夏同强.瓦斯与煤自燃多场耦合致灾机理研究[D].徐州:中国矿业大学,2015

[67] 杨胜强,程涛,徐全,等.尾巷风压及风量变化对采空区自然发火影响的理论分析与数值模拟[J].煤炭学报,2011,36(2):308-312.

[68] TITMAN H，WYNN A H A. The ignition of explosive gas mixtures by friction[M]. Britain:Ministry of Fuel and Power,1954.

[69] 张力.防爆工具在岩石撞击的安全性研究[J].煤矿安全,1995,26(10):10-11.

[70] 樊春亭.防止因摩擦着火的研究[J].煤炭技术,1996,15(1):39-41.

[71] QUEROL E，TORRENT J G，BENNETT D，et al. Ignition tests for electrical and mechanical equipment subjected to hot surfaces[J]. Journal of loss prevention in the process industries,2006,19(6):639-644.

[72] MEYER L，BEYER M，KRAUSE U. Hot surfaces generated by sliding metal contacts and their effectiveness as an ignition source[J]. Journal of loss prevention in the process industries,2015,36:532-538.

[73] MA G W，AN X M，WANG M Y. Analytical study of dynamic friction mechanism in blocky rock systems [J]. International journal of rock mechanics and mining sciences,2009,46(5):946-951.

[74] LI G，SHANG R，YU Y，et al. Influence of coal dust on the ignition of methane/air mixtures by friction Sparks from rubbing of titanium against steel[J]. Fuel,2013,113:448-453.

[75] KIM E. Effect of skew angle on main precursor of frictional ignition in bench-scale simulation of excavation processes[J]. International journal of rock mechanics and mining sciences,2015,80:101-106.

[76] HOLLÄNDER L，GRUNEWALD T，GRÄTZ R. Ignition probability of fuel gas-air mixtures due to mechanical impacts between stainless steel components[J].Journal of loss prevention in the process industries,2014, 32:393-398.

[77] DAI H，FAN J，WU S，et al. Experimental study on ignition mechanisms of wet granulation sulfur caused by friction [J]. Journal of hazardous materials,2018,344:480-489.

[78] AVERILL A F,INGRAM J M,BATTERSBY P,et al. Ignition of hydrogen/air mixtures by glancing mechanical impact[J]. International journal of hydrogen energy,2014,39(35):20404-20410.

[79] 王玉成.煤矿用金属材料撞击摩擦火花安全性的研究[D].北京:煤炭科学研究总院,2008.

[80] 邹燕云.防止摩擦火花引发瓦斯煤尘事故的研究[J].中国煤炭,2002, 28(5):50-52.

[81] 周心权,周博潇,朱红青,等.摩擦火花引爆瓦斯时点燃温度特性理论研究[J].湘潭矿业学院学报,2004(1):1-4.

[82] WARD C R，CROUCH A，COHEN D R. Identification of potential for methane ignition by rock friction in Australian coal mines[J]. International journal of coal geology,2001,45(2/3):91-103.

[83] WARD C R，NUNT-JARUWONG S，SWANSON J. Use of mineralogi-

cal analysis in geotechnical assessment of rock strata for coal mining[J]. International journal of coal geology,2005,64(1/2):156-171.

[84] MURRAY W L,GODWIN D W,SMITH D T. Recent work on deflagration at SMRE[J]. Propellants, explosives, pyrotechnics, 1978, 3 (1/2): 73-76.

[85] 王玉武,姜文忠,牛德文,等.岩石摩擦引燃引爆瓦斯实验研究[J].煤矿安全,2002,33(12):8-10.

[86] 王家臣.关于综放开采技术安全问题的几点认识[J].中国安全生产科学技术,2005,1(5):23-27.

[87] 王家臣,王进学,沈杰,等.顶板垮落诱发瓦斯灾害的理论分析[J].采矿与安全工程学报,2006,23(4):379-382.

[88] 王家臣,王进学,沈杰,等.顶板垮落诱发瓦斯灾害的试验研究[J].采矿与安全工程学报,2007,24(1):8-12.

[89] 屈庆栋,许家林,马文顶,等.岩石撞击摩擦火花引爆瓦斯的实验研究[J].煤炭学报,2006,31(4):466-469.

[90] 秦玉金,姜文忠,王学洋.采空区瓦斯爆炸(燃烧)点火源的确定[J].煤矿安全,2005,36(7):35-37.

[91] 刘志坚,李诚玉,张丽丽,等.采空区可燃性气体爆炸引火源特性分析[J].煤炭技术,2007,26(9):67-69.

[92] 沈杰,王进学.抑制煤矿砂岩顶板岩石摩擦火花和升温[J].辽宁工程技术大学学报(自然科学版),2009,28(4):521-524.

[93] 杨天斌,谷建军.采空区岩石摩擦引燃引爆瓦斯初探[J].煤矿安全,2010,41(8):111-113.

[94] 张培鹏,蒋金泉,秦广鹏,等.坚硬顶板垮落诱发瓦斯爆燃机理及预防[J].采矿与安全工程学报,2014,31(5):814-818.

[95] 周锦龙,易永华.煤矿采空区顶板岩石摩擦对瓦斯的点火特性[J].煤炭技术,2015,34(10):193-195.

[96] 周锦龙,易永华.煤矿井下岩石摩擦对瓦斯气体的点燃特性[J].煤矿安全,2015,46(11):21-23.

[97] 赵党伟,张百胜.采空区顶板岩石摩擦引燃(爆)瓦斯理论分析[J].煤矿安全,2016,47(1):141-144.

[98] 周应江,于智卓,郭辉.背斜坚硬顶板采空区瓦斯燃烧原因分析及处理措施

[J]. 煤矿安全,2016,47(9):173-175.

[99] 裴云鑫,秦广鹏,刘建,等. 基于 3DEC 的采空区顶板垮落形成摩擦面位置分析[J]. 中国煤炭,2018,44(4):57-61.

[100] 秦广鹏,鲁锐华,王超,等. 坚硬砂岩剪滑失稳引燃采空区瓦斯机制研究[J]. 煤炭科学技术,2018,46(7):93-98.

[101] 李冬,常聚才,史文豹,等. 大倾角坚硬顶板冒落撞击摩擦试验研究[J]. 煤炭科学技术,2019,47(2):41-46.

[102] LIANG Y, DAI J, ZOU Q, et al. Ignition mechanism of gas in goaf induced by the caving and friction of sandstone roof containing pyrite[J]. Process safety and environmental protection,2019,124:84-96.

[103] 邬燕云,周心权,朱红青. 高速冲击火花引燃甲烷的环境因素研究[J]. 中国矿业大学学报,2003,32(2):83-85.

[104] 余为,缪协兴,茅献彪,等. 岩石撞击过程中的升温机理分析[J]. 岩石力学与工程学报,2005,24(9):1535-1538.

[105] 吴育华,吴立新,钟声,等. 岩石撞击引发矿井瓦斯爆炸可能性的实验探索[J]. 煤炭学报,2005,30(3):278-282.

[106] 王华,刘洋,王伟. 岩石摩擦撞击引发瓦斯燃烧原因分析及治理措施[J]. 煤炭技术,2015,34(12):187-189.

[107] PARKHOMENKO E I. Electrification phenomena in rocks[M]. Berlin: Springer Science & Business Media,2013.

[108] NITSAN U. Electromagnetic emission accompanying fracture of quartz-bearing rocks[J]. Geophysical research letters,1977,4(8):333-336.

[109] BISHOP J R. Estimating quartz fabrics from piezoelectric measurements [J]. Journal of the international association for mathematical geology,1981,13(4):261-289.

[110] BISHOP J R. Piezoelectric effects in quartz-rich rocks[J]. Tectonophysics,1981,77(3/4):297-321.

[111] ISHIDO T, MIZUTANI H. Experimental and theoretical basis of electro kinetic phenomena in rock-water systems and its applications to geophysics[J]. Journal of Geophysical Research,1981,86(B3):1763.

[112] OGAWA T, OIKE K, MIURA T. Electromagnetic radiations from rocks[J]. Journal of geophysical research,1985,90(D4):6245.

[113] ENOMOTO Y, HASHIMOTO H. Emission of charged particles from indentation fracture of rocks[J]. Nature,1990,346(6285):641-643.

[114] CRESS G O, BRADY B T, ROWELL G A. Sources of electromagnetic radiation from fracture of rock samples in the laboratory[J]. Geophysical research letters,1987,14(4):331-334.

[115] YAMADA I, MASUDA K, MIZUTANI H. Electromagnetic and acoustic emission associated with rock fracture[J]. Physics of the earth and planetary interiors,1989,57(1/2):157-168.

[116] DOBROVOSKY I P,GERSHENZON N I,GOKHBERG M B. Theory of electro kinetic effects occurring at the final stage in the preparation of a tectonic earthquake[J]. Physics of the earth and planetary interiors, 1989,57(1/2):144-156.

[117] MARTELLI G,SMITH P N,WOODWARD A J. Light, radio frequency emission and ionization effects associated with rock fracture[J]. Geophysical journal international,1989,98(2):397-401.

[118] ALEKSEEV D V, EGOROV P V, IVANOV V V. Mechanisms of electrification of cracks and electromagnetic precursors of rock fracture [J]. Journal of mining science,1993,28(6):515-519.

[119] MOLCHANOV O A,HAYAKAWA M. Generation of ULF electromagnetic emissions by microfracturing[J]. Geophysical research letters, 1995,22(22):3091-3094.

[120] YAMASHITA T, IMASATO K, NAGASHIMA N H. Light pulses emitted at microfractures formed by friction between two solid materials [J]. Japanese journal of applied physics,1995,34(12A):L1632.

[121] KUKSENKO V S,MAKHMUDOV K F,PONOMAREV A V. Relaxation of electric fields induced by mechanical loading in natural dielectrics [J]. Physics of the solid state,1997,39(7):1065-1066.

[122] SASAOKA H,YAMANAKA C,IKEYA M. Measurements of electric potential variation by piezoelectricity of granite[J]. Geophysical research letters,1998,25(12):2225-2228.

[123] YOSHIDA S. Convection current generated prior to rupture in saturated rocks[J]. Journal of geophysical research: solid earth,2001,106(B2):

2103-2120.

[124] YOSHIDA S, OGAWA T. Electromagnetic emissions from dry and wet granite associated with acoustic emissions[J]. Journal of geophysical research:solid earth,2004,109(B9).

[125] NIMMER R E. Direct Current and self-potential monitoring of an evolving plume in partially saturated fractured rock[J]. Journal of hydrology, 2002,267(3/4):258-272.

[126] FREUND F T. Time-resolved study of charge generation and propagation in igneous rocks[J]. Journal of geophysical research:solid earth, 2000,105(B5):11001-11019.

[127] FREUND F, STAPLE A, SCOVILLE J. Organic protomolecule assembly in igneous minerals[J]. Proceedings of the national academy of sciences,2001,98(5):2142-2147.

[128] FREUND F T. Charge generation and propagation in igneous rocks[J]. Journal of geodynamics,2002,33(4/5):543-570.

[129] FREUND F T,TAKEUCHI A,LAU B W S,et al. Stress-induced changes in the electrical conductivity of igneous rocks and the generation of ground currents[J]. Terrestrial,atmospheric and oceanic sciences,2004, 15(3):437.

[130] FREUND F T,TAKEUCHI A,LAU B W S. Electric currents streaming out of stressed igneous rocks: a step towards understanding pre-earthquake low frequency EM emissions[J]. Physics and chemistry of the earth,parts A/B/C,2006(4):389-396.

[131] FREUND F T, TAKEUCHI A, LAU B W S, et al. Stimulated infrared emission from rocks:assessing a stress indicator[J]. Earth,2007,2(1):7-16.

[132] ST-LAURENT F,DERR J S,FREUND F T. Earthquake lights and the stress-activation of positive hole charge carriers in rocks[J]. Physics and chemistry of the earth,parts A/B/C,2006,31(4):305-312.

[133] TAKEUCHI A,LAU B W S,FREUND F T. Current and surface potential induced by stress-activated positive holes in igneous rocks[J]. Physics and chemistry of the earth,parts A/B/C,2006,31(4):240-247.

[134] FREUND F T, DA SILVA M A S, LAU B W S, et al. Electric currents

along earthquake faults and the magnetization of pseudotachylite veins [J]. Tectonophysics,2007,431(1/2/3/4):131-141.

[135] FREUND F T, KULAHCI I G, CYR G, et al. Air ionization at rock surfaces and pre-earthquake signals[J]. Journal of atmospheric and solar-terrestrial physics,2009,71(17/18):1824-1834.

[136] FREUND F T. Pre-earthquake signals:underlying physical processes[J]. Journal of asian earth sciences,2011,41(4/5): 383-400.

[137] FREUND F T. Earthquake forewarning:a multidisciplinary challenge from the ground up to space[J]. Acta Geophysica, 2013,61(4):775-807.

[138] FREUND F T, FREUND M M. Paradox of peroxy defects and positive holes in rocks. Part I: Effect of temperature[J]. Journal of asian earth sciences,2015,114:373-383.

[139] VALLIANATOS F, TZANIS A. Electric current generation associated with the deformation rate of a solid: Preseismic and coseismic signals [J]. Physics and chemistry of the earth,1998,23(9-10):933-938.

[140] VALLIANATOS F, TRIANTIS D. Scaling in Pressure Stimulated Currents related with rock fracture[J]. Physica a:statistical mechanics and its applications,2008,387(19/20):4940-4946.

[141] VALLIANATOS F, TRIANTIS D. A non-extensive view of the pressure stimulated current relaxation during repeated abrupt uniaxial load-unload in rock samples[J]. Europhysics letters,2014,104(6):68002.

[142] CARTWRIGHT-TAYLOR A,VALLIANATOS F,SAMMONDS P. Superstatistical view of stress-induced electric current fluctuations in rocks [J]. Physica a: statistical mechanics and its applications, 2014, 414: 368-377.

[143] STAVRAKAS I,ANASTASIADIS C,TRIANTIS D,et al. Piezo stimulated currents in marble samples:precursory and concurrent-with-failure signals[J]. Natural hazards and earth system sciences, 2003, 3 (3/4): 243-247.

[144] STAVRAKAS I, TRIANTIS D, AGIOUTANTIS Z, et al. Pressure stimulated currents in rocks and their correlation with mechanical properties[J]. Natural hazards and earth system sciences, 2004, 4(4):

563-567.

[145] TRIANTIS D, STAVRAKAS I, ANASTASIADIS C, et al. An analysis of pressure stimulated currents (PSC), in marble samples under mechanical stress[J]. Physics and chemistry of the earth, parts A/B/C, 2006,31(4/5/6/7/8/9):234-239.

[146] KYRIAZIS P, ANASTASIADIS C, TRIANTIS D, et al. Wavelet analysis on pressure stimulated currents emitted by marble samples[J]. Natural hazards and earth system sciences,2006,6(6):889-894.

[147] ANASTASIADIS C, TRIANTIS D, HOGARTH C A. Comments on the phenomena underlying pressure stimulated currents in dielectric rock materials[J]. Journal of materials science,2007,42(8):2538-2542.

[148] TRIANTIS D, ANASTASIADIS C, STAVRAKAS I. The correlation of electrical charge with strain on stressed rock samples [J]. Natural hazards and earth system sciences,2008,8(6):1243-1248.

[149] 郭自强,周大庄,施行觉,等. 岩石破裂中的电子发射[J]. 地球物理学报,1988,31(5):566-571.

[150] 郭自强,周大庄,施行觉,等. 岩石破裂中的光声效应[J]. 地球物理学报,1988,31(1):37-41.

[151] 郭自强,郭子祺,钱书清,等. 岩石破裂中的电声效应[J]. 地球物理学报,1999,42(1):74-83.

[152] 钱书清,吕智,任克新.地震电磁辐射前兆不同步现象物理机制的实验研究[J].地震学报,1998,20(5):535-540.

[153] 王秀琨,王寅生.岩石压电性[J].物探与化探,1985,9(4):274-280.

[154] 王秀琨.岩矿压电性研究概况[J].国外地质勘探技术,1987(5):23-27.

[155] 王秀琨,王寅生,段兆金.我国石英脉型矿床岩石压电性研究[J].物探与化探,1989,13(1):29-35.

[156] 王恩元,何学秋,刘贞堂,等.受载岩石电磁辐射特性及其应用研究[J].岩石力学与工程学报,2002,21(10):1473-1477.

[157] 王恩元,何学秋,刘贞堂,等.煤岩动力灾害电磁辐射监测仪及其应用[J].煤炭学报,2003,28(4):366-369.

[158] 聂百胜,何学秋,王恩元,等.电磁辐射法预测煤矿冲击地压[J].太原理工大学学报,2000,31(6):609-611.

[159] 王恩元,何学秋,聂百胜,等.电磁辐射法预测煤与瓦斯突出原理[J].中国矿业大学学报,2000,29(3):225-229.

[160] 王恩元,何学秋,刘贞堂,等.煤岩变形破裂的电磁辐射规律及其应用研究[J].中国安全科学学报,2000,10(2):35-39.

[161] 王恩元,何学秋.煤岩变形破裂电磁辐射的实验研究[J].地球物理学报,2000,43(1):131-137.

[162] 王恩元,何学秋,刘贞堂.煤岩变形及破裂电磁辐射信号的分形规律[J].辽宁工程技术大学学报(自然科学版),1998,17(4):343-347.

[163] 王恩元,何学秋,刘贞堂.煤岩变形及破裂电磁辐射信号的 R/S 统计规律[J].中国矿业大学学报,1998,27(4):349-351.

[164] 李忠辉.受载煤体变形破裂表面电位效应及其机理的研究[D].徐州:中国矿业大学,2007.

[165] 万国香.应力波作用下岩石电磁辐射与声发射特性研究[D].长沙:中南大学,2008

[166] 吴健波.冲击地压电磁辐射实时监测及自动预警研究[D].徐州:中国矿业大学,2018.

[167] 邱黎明.煤巷掘进突出危险性的声电瓦斯监测预警研究[D].徐州:中国矿业大学,2018.

[168] 关城.煤岩受载表面瞬变电荷变化积聚特征研究[D].北京:中国矿业大学(北京),2018.

[169] KATO M, MITSUI Y, YANAGIDANI T. Photographic evidence of luminescence during faulting in granite[J]. Earth, planets and space, 2010,62(5):489-493.